日本寵物鳥專家全面解析從習性、溝通到身體祕密的130篇啾啾真心話

當然問鸚鵡才清楚！

磯崎哲也 監修
連雪雅 譯

前言

親愛的啾友們：

你是否有以下這些煩惱或疑惑？

「我想讓主人知道我的感受！」

「身為鸚鵡為什麼有這些行為？」

「鸚鵡到底是什麼樣的生物？」

你所有的煩惱、疑惑就全部交給

鸚鵡界最優秀的「知識王」

灰鸚鵡老師來解答吧。

本書將仔細說明鸚鵡的特性、
溝通方法、
以及傳達心情的肢體語言，
還有奇妙行動的意義、身體的祕密、小知識等等，
所有關於鸚鵡的資訊。
只要記住本書的內容，
你就能度過充實的「鳥」生喔！
不過閱讀本書時，注意別讓主人發現了！

灰鸚鵡老師
磯崎哲也

灰鸚鵡老師，請教教我！

我出門囉～
那麼……我也要出門囉！
戴帽帽
虎皮鸚鵡♂
大家好啊～
快來
快來
正好大家在討論事情呢！
桃面愛情鸚鵡♀
你遲到了！
你們在討論什麼？
玄鳳鸚鵡♂
在講我家主人的事啦～

虎皮鸚鵡哥・♂

愛聊天的公鸚鵡，專長是模仿。

灰鸚鵡老師・♂

熟知鸚鵡一切大小事的學者。

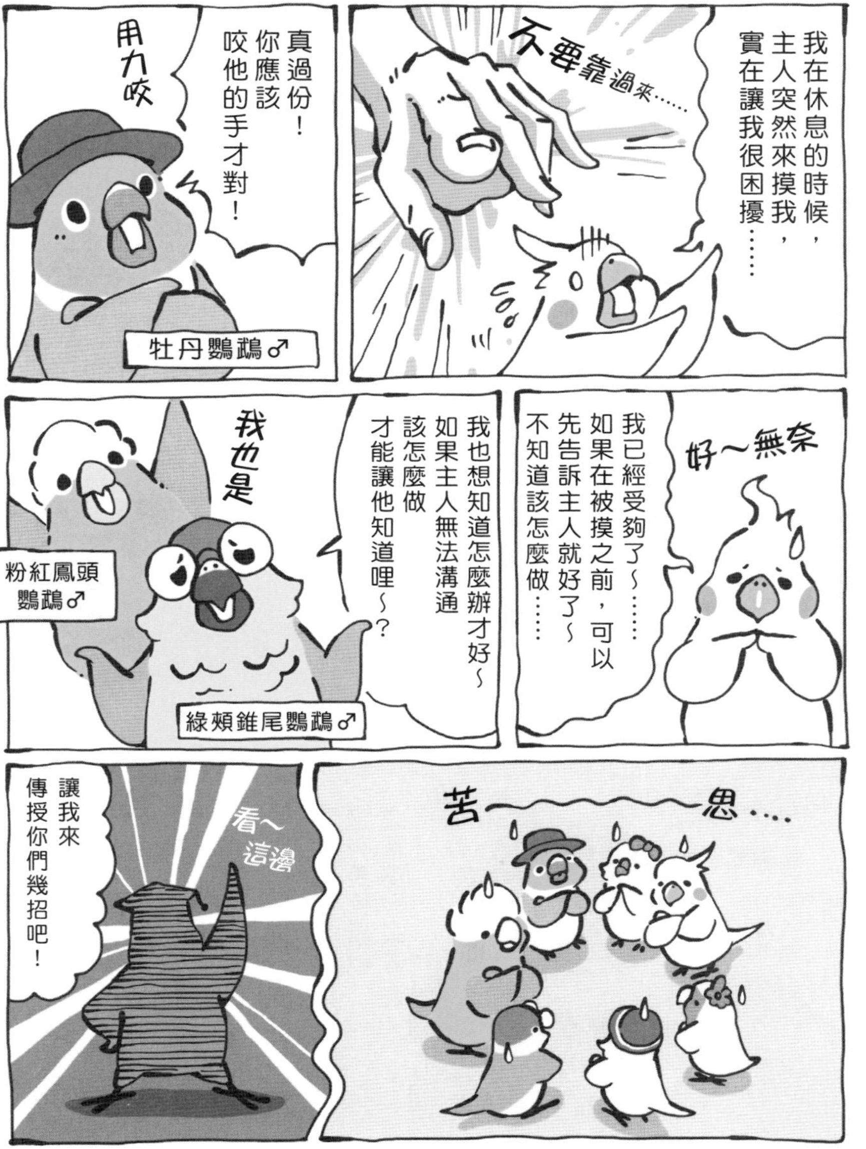
我在休息的時候，主人突然來摸我，實在讓我很困擾……
不要靠過來……
真過份！你應該咬他的手才對！
用力咬
牡丹鸚鵡♂
我已經受夠了～……如果在被摸之前，可以先告訴主人就好了～不知道該怎麼做……
好～無奈
我也想知道怎麼辦才好～如果主人無法溝通該怎麼做才能讓他知道哩～？
我也是
粉紅鳳頭鸚鵡♂
綠頰錐尾鸚鵡♂
苦～～～思….
讓我來傳授你們幾招吧！
看～這邊

玄鳳鸚鵡弟・♂

個性溫和善良的公鸚鵡，不過膽子很小。

虎皮鸚鵡妹・♀

愛主人也愛講話的母鸚鵡。

我是灰鸚鵡老師，
關於鸚鵡的事，
問我就對了！
哦—!!
熱情
掌聲
灰鸚鵡老師
各位
剛剛在討論玄鳳鸚鵡
的煩惱對吧……
利用叫聲表達
內心的不滿，
這麼做很有效喔！
表達不悅的叫聲
警告……「嗚～！」
「ke ke ke！」
強烈憤怒……「嘎！」
「嘎～！」
原來如此！
回家後趕快試試看！
快速
抄下
除了生氣，
還有表達喜歡
或寂寞的叫聲。
PYU ro ro —
(喜歡—♡)
嗶—嗶—!!
(不要走～！)

牡丹鸚鵡哥・♂

穩重的公鸚鵡，對心儀的對象很熱情。

桃面愛情鸚鵡妹・♀

強勢傲嬌的母鸚鵡，對心儀的對象很專情。

老師！我很喜歡我的主人，請問該怎麼向他撒嬌……
虎皮鸚鵡♀
難為情
這時候只要低頭就可以了。
像這樣
低頭就是在暗示主人「摸摸我！」他一定會知道。
趁這個機會大家一起練習「主人摸摸我」的動作吧！
低頭
再往下！大家盡量把頭往下壓！
再低一點
低一點！再往下！
認真低頭
各位！聽好！不要害羞，好好練習！
累癱了……
呃，看樣子大家都低到不能再低了……
呼～
那麼，和主人拉近距離的暖身就到這裡為止！
喔—！
接下來，開始進入能解決各位煩惱以及鸚鵡雜學知識的課程囉！

粉紅鳳頭鸚鵡弟・♂

調皮愛玩的公鸚鵡。

綠頰錐尾鸚鵡弟・♂

活潑愛撒嬌的公鸚鵡，
也有孩子氣的一面。

CONTENTS

第1章 鸚鵡的心情

第2章 鸚鵡式溝通

第3章
傳達心情的動作

第4章
鸚鵡的奇妙行動

第5章 身體的祕密

第6章 鸚鵡冷知識

0
1
2
3

本書使用方法

方便閱讀的一問一答方式，

由灰鸚鵡老師為各位啾友解答疑問。

鳥奴小叮嚀

啾友們可省略這個部分（鳥奴們請偷偷看就好！）

鸚鵡的疑問

從個性到習性等，逐一列舉日常生活中的大小疑問。

#（標註）

關鍵字的標註，請搭配INDEX（P188之後）的索引。

灰鸚鵡老師的回答

針對啾友們的疑問，一一給予詳細的解答。

更加詳盡的說明！

Column

深入探討和疑問有關的內容，有興趣的啾友不妨讀一讀。

還有總複習隨堂考

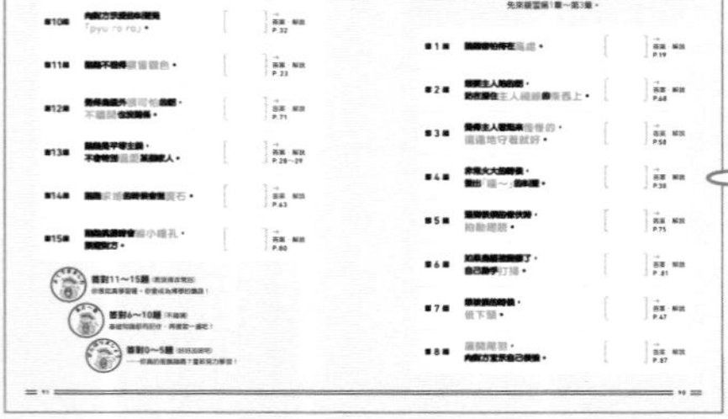

鳥學測驗

前篇是1～3章，後篇是4～6章，請以滿分為目標好好加油！

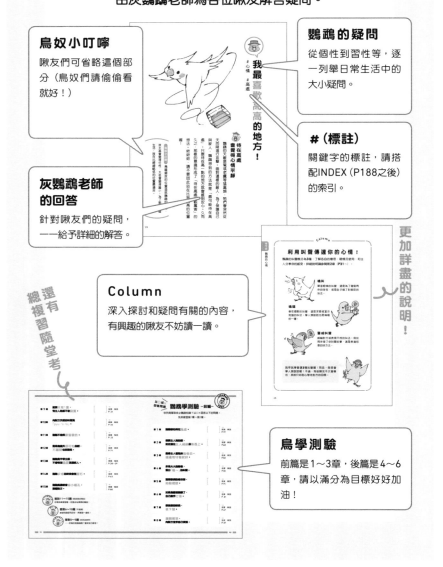

第1章 鸚鵡的心情

鸚鵡的心情與行動，其實都是本能或習性所致。
所以先一起來了解鸚鵡的性格吧！

為「愛」而生！

#心情　#愛

我們的一舉一動都是出自「愛」！

鸚鵡很專情，一生只有一個伴侶。你覺得這沒什麼？在鸚鵡界是很普通的事？那你去看看其他動物，他們可不是這樣，為了繁殖後代，經常都在更換伴侶。但鸚鵡一輩子只愛一個伴侶，即使對象是人類也是如此。你都怎麼向伴侶表達你的愛呢？唱歌傳情、透過肌膚接觸或是肢體語言，每隻鸚鵡表現愛的方法各不相同。

鳥奴小叮嚀　鸚鵡會利用各種方式表達愛意。雖然有品種或個體的差異，也請好好觀察牠們的示愛舉動。即使有些行為令人困擾，其實都是牠們充滿愛的「吃醋」表現。

Column

專情的祕密

我們鸚鵡專情的祕密就在於「育兒」。透過育兒，能培養出豐富的愛。

親子之愛

各位啾友，你們知道人類也會養小孩嗎？儘管生孩子的方式不同，鸚鵡為了保護孩子的安全，一直到孩子長大前也都會盡心養育喔！

共同育兒

多數的哺乳類都是由雌性負責育兒，但鳥類會輪流抱卵（暖蛋使蛋孵化的行為），而且餵養孩子也是由雙方共同負責。所以無論公鸚鵡或母鸚鵡都容易對孩子產生滿滿的愛。

鸚鵡的愛情起點正是源自「家族之愛」，這是與我們心意互通的關鍵。只要理解這份愛，就能從鸚鵡平時的行動看出他們想傳達的意思囉！

誰才是「老大」？

#心情 #對等

重視平等關係的鸚鵡，不在乎地位的高低

「老大」是指在群居動物中最高等級的存在。好比狗，他們的社會很複雜，有所謂的地位排序，聽起來真是麻煩，而同樣是群居動物的鸚鵡就沒有老大的存在。基本上都是一對（夫婦）共同生活。與其說是群居，更像是成雙成對聚在一起的感覺。這就像住在公寓裡的人類，以家人為優先，根本不需要老大。

鳥奴小叮嚀

你是否也有「我家的鳥寶都不聽話」這種困擾呢？這是因為鸚鵡沒有主從關係的概念，不認為你是牠的「主人」，自然也不會有服從的思維。既然對鸚鵡來說，你們是對等的關係，所以請先建立彼此之間的信賴感。

我最喜歡高高的地方！

#心情 #高處

待在高處心情會特別平靜

鸚鵡的天敵是鷲或鷹等猛禽，他們會突然從天而降進行攻擊。面對這樣的敵人，為了保護自己與家人，鸚鵡想到的方法就是「盡可能待在高處」，所以只要待在高一點的地方就會感到安心。久而久之，那樣的意識形成了「待在高處比較厲害」的想法。欸欸欸，請不要故意站在比我們高的位置喔！

鳥奴小叮嚀 鳥籠擺放的位置造就鸚鵡的個性，放太高會變得任性，太低則會變得膽小。為了能夠與鳥寶和睦生活，放在比視線略低的位置最為適合。

這裡是我的地盤啦！

#心情　#地盤意識

為了守護心愛之物而有強烈的地盤意識

少來煩我！我們有時態度欠佳，那是因為，為愛而生的鸚鵡保護伴侶的意志十分堅定，習慣找好地盤、定下規則後，過著安全安心的生活，地盤等於是我們放鬆心情的私人空間，一旦被打擾，無論是誰都會動怒。啾友們，如果遇到入侵地盤的傢伙，千萬別跟他客氣，把他趕出去。

鳥奴小叮嚀 鸚鵡為了「讓地盤住起來舒服」會把糞便往外扔，費心改善缺失，設法打造更優質的環境。如果理解這份心思，應該就能包容體諒牠們的這些行為。

就算只有一隻也不會孤單喔！

#心情　#伴侶

沒有伴的鸚鵡 會把人類當作伴侶

各位啾友們的伴侶就是你的主人吧。鸚鵡的伴侶未必就是鸚鵡，其實只要有愛，就算是人類也會成為我們的伴侶。所以即使沒有其他鳥伴侶也不會傷心，請務必讓主人知道這件事。順帶一提，不少主人都為了「我家鸚鵡和新來的鸚鵡處不好」而煩惱，那是因為新來的鸚鵡對於原本的鸚鵡來說，是「地盤的入侵者」，看來這個心結恐怕不好解。

鳥奴小叮嚀

「有伴侶或許比較不會孤單！」你是否正打算再養一隻鸚鵡？這麼做說不定會變得更糟，家中的鸚鵡可能因此變得具攻擊性，請仔細思考評估，再考慮養新鸚鵡的事。

想和你一樣

#心情　#相同的行動

想和喜歡的對象做一樣的事

想和對方一樣的心情不光出於「愛」，也是鸚鵡重視「和諧」的本能。野生的鸚鵡為了收集交換情報、保持警戒，或者反擊敵人保護自己，會過著群居生活，與同伴採取相同的行動，在保護自己的同時也獲得安心感。就算是和人類生活的鸚鵡也有這種習性，所以當主人吃飯時，自己也會一起吃，和喜歡的對象做一樣的事會很安心。學主人說話也是相同的理由。

鳥奴小叮嚀 假如你家的鸚鵡不吃飯，請試著在牠面前吃東西，說不定牠會模仿你的行為，於是少量進食。不過沒食欲也可能是生病，請帶牠去醫院接受診察。

懂得察言觀色……？

#心情 #察言觀色

對別人的感受產生同感

主人高興時，我會開心地跳起舞，主人心情低落時，我會陪在他身邊，各位啾友也有過這樣的經驗吧？這就是人類所說的「察言觀色」。原本過著群居生活的我們，能夠理解對方的感受，做出適切的行為，溝通能力一級棒！那些舉動也是出自「愛」，記得仔細觀察主人的狀況哦！

鳥奴小叮嚀 有研究報告指出打哈欠會「傳染」，其實虎皮鸚鵡也會這樣。而牠們會有這般舉動，也許是因為先產生了同感，進而採取相同的行動。

我會說話喔！

#心情 #對話 #模仿

叫聲是共享心情的溝通方式

鸚鵡和同伴或伴侶交換情報、分享情感時會發出聲音。除了鳥類，能用聲音或語言溝通的生物並不多，像是人類或海豚等。不過雖然主人是人類，你卻無法和他用語言溝通？也許你的主人還在學習鸚鵡界的知識。請試著在各種情況下和伴侶對話，分享自我感受——對於無法語言溝通的主人，肢體語言是不錯的方法。

鳥奴小叮嚀

智力高的大型鸚鵡會和主人搭話，但牠未必完全理解主人的意思，也許只是用語言表達對主人的狀況或感受有同感，隨意地回話而已。

Column

利用叫聲傳達你的心情！

鸚鵡的叫聲概分為以下3種，要了解其中意思視情況使用，和主人分享自己的感受哦！詳細說明請參閱第2章（P31～）。

鳴叫

單音輕鳴的叫聲，是為了確認同伴的存在，或是肚子餓了想討飯吃的叫法。

鳴唱

像在唱歌的叫聲，是求愛或宣示地盤的叫法。學人類說話也是鳴唱的一種。

警戒叫聲

威嚇對方或表現不悅的叫法。假如同伴做了你討厭的事，這是表達怒意的好方法。

我早就學會這3種叫聲囉！而且我也很會學人類說話喔！不過，有些啾友不太會模仿，那就只好耐心等待對方的回應了。

對第一次看到的東西充滿興趣！

#心情　#好奇心

鸚鵡是追求新鮮刺激的好奇寶寶

對於第一次見到的東西，「雖然有點怕，但我想知道它是什麼」，在好奇心的驅使下變得躁動——我們鸚鵡會仔細觀察在意的東西，甚至為了收集資訊去啄咬。那是因為智力高才有的舉動，聰明的鸚鵡也喜歡玩有難度的遊戲，像是找食物的訓練等，而且就算失敗也不放棄。啾友們，遇到感興趣的東西，請積極地挑戰它吧。

鳥奴小叮嚀　好奇心旺盛的鸚鵡，平時只會在固定的場所做固定的事，保持內心的平靜。所以，牠們較無法接受突如其來的環境變化。給新的玩具時，請先擺在鳥籠外讓牠們觀察一會兒，這樣牠們才會安心。

我好像看過你……？

#心情　#分辨力

憑記憶認出見過的人

眼前這個人，好像在哪兒見過？我們鸚鵡會利用視覺或聽覺掌握特徵，形成記憶。

請試著拉開腦中記憶的抽屜，或許就能從體型或髮型、穿著打扮知道對方是誰。所以那傢伙是誰？啊哈哈，原來是主人啦。人類也會用特徵辨認，但鸚鵡更厲害，能夠記住音質或音高，光聽聲音就能認出對方是誰喔！

鳥奴小叮嚀 你是不是覺得鸚鵡的記憶力好到超乎想像？除了樣貌、形態，牠們還能確實記住用字遣詞或音調等的差異哦，認出主人完全是小意思！

最討厭你了!!

#心情　#喜好

愛恨分明，討厭的事就是討厭！

明明昨天還很喜歡對方，突然之間變得討厭，這是很自然的事。除了「喜歡」，我們鸚鵡當然也有「討厭」的感受，也會為了一點小事而受傷，是內心敏感的生物。就算再喜歡對方，討厭的事就是討厭！要是對方做了讓你討厭的事，不必勉強親近，請和他保持距離。遇到麻煩的對象，像是聲音大或粗魯的人，也是同樣的做法。

鳥奴小叮嚀　鸚鵡不會沒來由地討厭主人。有時是因為「遭到忽視」、「不被理會」等，覺得自己被忽略，心生不滿才變得討厭。在叛逆期或發情期的時候，也可能會變得具攻擊性喔。

Column

啾友問卷調查

說說你心中的排名！

鸚鵡對於一起生活的同伴，心中都有明確的喜愛度排名。啾友們的NO.1是誰呢？

玄鳳鸚鵡的喜愛度排名

第1名

爸爸
陪我玩又不黏我，我最愛把拔。

第2名

媽媽
餵我吃飯也會陪我玩，我喜歡馬麻！

第3名

姐姐
很照顧我，雖然有時很煩，但我還是喜歡她。

第4名

弟弟
有時對我很壞！我不太喜歡他……。

為什麼爸爸是第一名？……其實，也沒有特別的理由啦（笑）。不過，喜歡爸爸的鸚鵡還真不少。有些啾友表示，比起賣力照顧的姐姐，待在不做任何事只是安靜坐著的爸爸身邊反而比較輕鬆。每一隻鸚鵡的喜好，只有他自己才知道。

我～是誰

我～是誰！
聽這聲音……
你是虎皮鸚鵡妹
對吧！
噗～猜錯了！
我是模仿虎皮鸚鵡妹
聲音的
凱克鸚鵡啦！
初次見面，
請多指教！
你……你好

百分百專情

請和我交往吧～
我的男友只有主人！
奪愛戰火
熊熊燃燒
互不退讓
下週！完結篇！
誰是最後的贏家呢？
完結篇
想也知道
反正最後一定是
和主人在一起啦！
因為鸚鵡都很專情啊～
抓癢
碎念

第2章

鸚鵡式溝通

讓你和主人、同伴保持良好溝通的方法。

我想告訴主人「我愛你！」

#叫聲　#pyu ro ro

大叫「pyu ro ro」，表達心中愛意！

隱藏心中的愛意，主人當然不會知道。若想表達你的愛，那就發出「pyu ro ro」的叫聲吧！你的美妙聲音肯定會迷倒主人。除了主人，這招對心儀的鸚鵡同伴也很有效喔。不過，這種叫聲只會獻給一生的愛。順帶一提，宣示地盤時也會用這種叫法。

鳥奴小叮嚀 示愛是「鳴唱」的一種。當家中的鸚鵡向你示愛時，請務必回應牠「我也愛你唷」。得到心愛主人的愛，會讓鸚鵡覺得好幸福！

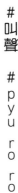

我找到有趣的東西了！

#叫聲　#嘁嘁

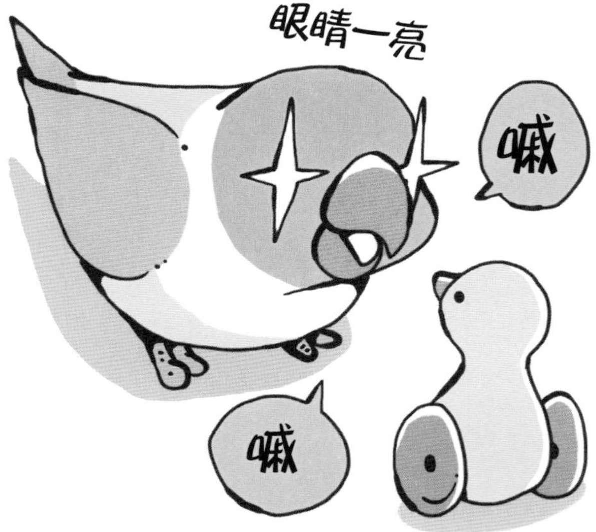

發現好玩的事物 讓你情不自禁叫出聲音

咦？好像有聽到「嘁嘁」的聲音……，那位啾友似乎發現了什麼有趣的東西。好奇心旺盛的鸚鵡經常在找有趣的東西，一旦找到，總會興奮地發出「嘁嘁」的叫聲，就像在吶喊「喔耶！」。不過，那只是情不自禁的表現。咦？那兒怎麼有一隻蟲……嘁嘁嘁！

鳥奴小叮嚀 這是「鳴叫」的一種。鸚鵡每天都在追求刺激。為了不讓牠們感到無聊，應該多準備一些玩具，並且每星期替換。當好奇心被激發時，牠們就會發出「嘁嘁」的叫聲。

好開心

#叫聲 #咕咕咕

感到幸福的「咕咕咕」

玩著喜歡的玩具，不自覺發出「咕咕咕」的叫聲——啾友們請試著回想看看，是否有過這種經驗？當你感到開心的時候，應該會發出聲音。另外，看到主人在鳥籠外似乎很開心的樣子，你也會感同身受對吧。這時不妨用叫聲表達「我也很開心喔！」，讓主人感受到你的開心，說不定他也會覺得很幸福。

鳥奴小叮嚀

好比有些人開心時會「嘻嘻」笑，鸚鵡也會發出「咕咕咕」的叫聲。這是「鳴叫」的一種。如果聽到鸚鵡這麼叫，請對牠說「你很開心吧！」，和牠一起分享幸福的感受。

不准進來我的地盤！

#叫聲 #kekeke

用「ke ke ke」的叫聲威嚇對方很有效

好像有可疑的傢伙闖入地盤了!!這時候，強勢的鸚鵡會放聲大叫「ke ke ke」來威嚇對方：「你想幹嘛?!」如果伴隨激動的情緒大叫會更有效。啊，原來這個可疑的傢伙是主人的手。不過，就算是主人，只要闖入地盤，記得還是要大聲叫喔！

鳥奴小叮嚀 威嚇的叫聲是一種「警戒叫聲」。地盤意識強烈的鸚鵡，對入侵者相當敏感。許多鸚鵡沒有先來後到的觀念，遇上體型比自己大的鸚鵡，仍會毫不客氣地威嚇對方。

我心情不好……！

#叫聲　#嗚～

讓對方知道心情差的「嗚～」

有時就是莫名覺得心浮氣躁。心情不好的話，或許還會想攻擊心愛的主人。這種時候請試著發出「嗚～」的聲音，警告對方「離我遠一點」。雖然有些主人聽了會想靠過來關心，但這時最好還是別管我們。對了，聽說狗生氣的時候也會像這樣發出低鳴。

鳥奴小叮嚀　低鳴的叫聲是一種「警戒叫聲」。不少主人聽到會很擔心，不過這時候請讓鸚鵡獨處。假如持續了太久，有可能是身體不舒服，如果察覺出有異狀，請帶牠去醫院接受診察。

我不開心！

#叫聲 #嘎！

「嘎！」叫出你的不悅

這位啾友，想必你已經忍了很久吧？和人類一起生活，難免會心生不滿，像是玩遊戲時被打擾、被弄痛等，若想表達不開心，試著發出簡短的「嘎！」，這種叫聲聽起來很強硬，比右頁的「嗚～」更能表現強烈的不滿。建立「不開心就直說的關係」是與對方和諧共處的訣竅。

鳥奴小叮嚀 這種表達情緒的叫聲是一種「警戒叫聲」，當鸚鵡發出這種叫聲，就是在強烈表達內心的不滿。這時候，請陪牠玩喜歡的遊戲，或是靜靜待在一旁，試著修復彼此的關係。

我最討厭剪趾甲！快住手！

#叫聲　#嘎～

大聲地「嘎～」表達強烈的憤怒

假如你正在生氣，那麼憤怒指數是多少呢？如果氣到快爆炸了，請「嘎～」地大聲叫吧！只要「嘎～嘎～」地大叫，主人肯定會住手。希望主人們不要用力抓著我們的身體，強迫我們剪趾甲。這種叫聲除了用在自己被強迫做了討厭的事，當同伴被做了討厭的事也可以這樣叫，告訴對方「快住手！」。

鳥奴小叮嚀 這是「警戒叫聲」，這表示鸚鵡真的火大了，請務必留意。要是讓鸚鵡那麼生氣，趕緊消除讓牠憤怒的原因，靜靜陪在牠身邊。剪趾甲這種事還是交給技術好的醫生吧。

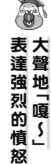

天啊！嚇我一跳……

#叫聲　#嗶！

用「嗶！」表達你的不安或恐懼

「嗶！」這個叫聲有好幾種意思，其中一種是「恐懼」，當鸚鵡感到不安或害怕時會發出短鳴。如果不安或害怕的感受很強烈，叫聲也會變弱。另一方面，像玄鳳鸚鵡那樣有冠羽（鳳頭鸚鵡科特有的頭部羽毛）的鸚鵡，有時會豎起冠羽發出「嗶！」的叫聲，那是因為興奮，覺得「好像很有趣！」而情不自禁發出聲音（請參閱P132）。

鳥奴小叮嚀

燈被關掉或東西掉落時，受到驚嚇的鸚鵡會發出「嗶！」的叫聲。這是一種「警戒叫聲」，如果一直持續這種狀態，過大的壓力會導致鸚鵡身心俱疲。請盡快消除令牠們感到恐懼的原因。

別讓我孤單！

#叫聲　#嗶～嗶～

用「嗶～嗶～」呼叫主人

在鳥籠裡的時候，只要看得到主人就能安心，但有時主人會突然消失……可能還在家裡吧？這時請試著大聲地「嗶～嗶～！」呼叫。你看！主人回來了吧。人類也很聰明，知道這是我們希望他過來的叫聲。不過要是主人出門去，叫了他也聽不到，還是省省力氣，等他回來再叫比較好。

鳥奴小叮嚀

「呼叫」是「鳴唱」的一種。由於聲音頗大，有時會打擾到鄰居。如果感到困擾，請讓鳥寶生活在良好的環境，確保牠們不會放聲大叫。

Column

改善「呼叫」壓力的絕招

如右頁所述，我們鸚鵡覺得孤單就會大聲「呼叫」主人，這種情況太頻繁會形成壓力。在此，為啾友們介紹改善呼叫壓力的方法。

耍點小心機

如果你以為只要大聲呼叫，主人就會回到身邊，結果太常這麼做，主人也會習以為常。如果偶爾保持安靜，主人反倒覺得奇怪，也許會主動過來關心你喔。

尋找能夠玩得投入的玩具

想要主人陪的時候總是放聲大叫的你，除了和人類玩，去找找能讓你專注的其他東西，好比玩具。難度越高的玩具越能激發好奇心，試試看玩難一點的玩具吧。

以上方法也需要主人的協助。準備玩具讓鸚鵡不會覺得無聊，當鸚鵡安靜時，主動表示關心，別讓他們以為「大聲吵鬧＝主人會理我」，這樣就能減少呼叫的發生。若要移往別的房間，唱唱「打掃歌」表明意圖，他們就會放心不亂叫。

主人叫你時，該怎麼辦？

#叫聲　#回應

用充滿朝氣的聲音回應！

聽到主人叫你的名字時，如果大聲地回應，主人會很開心。其實被主人叫之後，我們也會暗自期待是不是有什麼開心的事。不過，有時主人只是叫名字卻什麼都不做……，沒事又叫個不停，任誰都會生氣。如果主人時不時就叫你，請用「嗚～」（請參閱P36）的叫聲來表達你的不滿。

鳥奴小叮嚀　回應是「鳴唱」的一種，有些鸚鵡會記住自己的名字。就算你的鳥寶聽到回應很開心，但如果沒事一直叫名字，牠會覺得你很煩，請別這麼做喔。

我想練習說話！

#叫聲　#自言自語

不斷自言自語其實是在確認發音

啾友們，學習人類的語言時，請利用「自言自語」這一招。透過自言自語，確認主人說的話和自己說的話是否一致。據說擅長說話的虎皮鸚鵡或大型鸚鵡會不斷自言自語進行練習。有些鸚鵡放鬆的時候，也會忍不住自言自語——雖然碎碎念的模樣看起來有點怪，但心情好就是停不下來！

鳥奴小叮嚀　鸚鵡會仔細聆聽並記住主人說的話，然後一邊回想一邊練習說話。經常自言自語的鸚鵡學會的話也比較多，其中有不少都是聊天高手。

不知為何就是想唱歌♪

#叫聲　#唱歌

心情好就是要唱歌，不然呢？

那位啾友好像有什麼開心的事喔！我們鸚鵡心情好的時候，就會很想唱歌，就像是人類開心時也會哼歌。而且，唱歌是模仿練習的好方法，例如透過自言自語練習說話（請參閱P43），發出聲音，並確認和自己聽到的聲音是否一致。比起說話，唱歌或許更容易學會。假如唱到一半忘記了，還可以自己即興編曲。

鳥奴小叮嚀

像是在唱歌的叫聲，也是「鳴唱」的一種。當鳥寶正在用唱歌進行模仿的練習時，請別隨便誇獎牠，否則牠會以為自己表現得很好，這樣反而不會進步。等到牠真正學會後，再好好誇獎吧！

你也會邊睡覺邊說話？

#叫聲 #夢話

那是做夢時說的夢話

晚上睡覺的時候，似乎聽到隔壁的鳥籠傳出聲音？那是啾友在說夢話。雖然聽不清楚他在說什麼，但應該是在做夢。包含鸚鵡在內的鳥類，因為在休息時也有被捕食的風險，通常都是淺眠狀態，所以容易做夢。據說人類等哺乳類或者爬蟲類也會做夢。啊，隔壁在睡覺的啾友身體抖了起來，看樣子是睡醒囉。

鳥奴小叮嚀

邊睡邊說夢話是「鳴叫」的一種。鸚鵡很少會熟睡，幾乎都是不斷淺眠、做夢的狀態。晚上如果聽到鳥籠傳出聲音，可以試著想像牠正在做怎樣的夢。

學門鈴聲真有趣！

#叫聲　#門鈴聲　#模仿

模仿生活中的聲音，家人會有反應

主人聽到你發出的「叮～咚」，連忙衝出去，然後又一臉疑惑地走回來。好玩，再來一次！結果被主人抓包了。主人的反應真有趣！原來是你在模仿門鈴聲，害主人以為有客人來。另外，像是洗衣機的「嗶～嗶～」、微波爐的「叮！」都是容易模仿的聲音。有些啾友甚至會模仿主人吸麵的「簌簌」聲哦。

鳥奴小叮嚀

模仿生活中的聲音也是一種「鳴唱」。看到主人因為自己發出的聲音而有反應，鳥寶會很開心，於是更積極地模仿。聽到牠們的模仿後，如果誇獎一下，牠們會更嗨喔！

我想被摸摸

#對人類　#低頭

把頭低下來，請主人幫你搔搔頭

「理毛」這個行為，在鸚鵡界是表現親密的肌膚接觸。是不是好想被心愛的對象搔搔頭，也想幫對方搔搔頭呢？如果想被主人搔頭，請走到他附近低下頭提醒他。被搔頭很舒服對吧～。主人幫你搔完頭後，為了表示感謝，也幫他梳一下頭髮吧（請參閱P51）。

鳥奴小叮嚀　鳥寶低頭的動作看起來像是「點頭」，但牠不是在打招呼，其實低下頭是想撒嬌，請和牠說話並摸摸牠。假如被忽略，牠會很難過。只要花一點時間和鳥寶互動，牠們就會很開心喔！

我想結婚！

#對人類　#磨蹭屁股　#抬高尾羽

如果是公鸚鵡，磨蹭屁股向對方示愛！

用屁股磨蹭主人的手……你真是積極的男子漢啊！其他公鸚鵡們學著點，向母鸚鵡示愛時，請用磨蹭屁股的動作展現你的床上英姿。母鸚鵡也是用交配時抬高尾羽的性感姿勢，告訴公鸚鵡「我想和你生孩子」。面對如此熱情的求愛攻勢，主人一定會為之著迷的。

鳥奴小叮嚀　公鸚鵡或母鸚鵡的求愛，都是因為感受到主人的愛才會有的舉動。但，無謂的發情對鸚鵡的身體會造成負擔。鸚鵡會順從本能採取行動，所以無法控制自己的發情。一旦進入發情狀態，請避免和牠們產生肌膚接觸。

Column

了解母鸚鵡的「繁殖週期」

發情是出自本能的行為。了解鸚鵡的繁殖週期，就會知道他們的發情週期。

發情期

發情、求愛、築巢、交配。

1年產卵1～2次很正常喔！

產卵期

準備產卵！卵的數量依品種而異，虎皮鸚鵡是1～6個左右。因為不是一次產完所有的卵，是每隔1～2天產下1個卵，有時需要花上一星期的時間。

抱卵期

暖蛋使其孵化，這段時期的母鸚鵡相當敏感。

育雛期

養育孵化的雛鳥，在雛鳥離巢前，請努力做好媽媽的角色！

非發情期

雛鳥離巢後，停止發情。

不要丟下我～！

#對人類　#追著跑

跟在主人後面追著跑

隨時隨地都想和主人在一起嗎？離開鳥籠就是你和主人肌膚接觸的好機會！但有時一不留神，主人就不見了，好不想和心愛的主人分開。對群居生活的鸚鵡來說，單獨行動很危險。假如主人要去別的地方，請跟在他身後。主人好像又要去別的地方了，趕緊跟上！

鳥奴小叮嚀

當鳥寶跟在你身後時，你會邊移動邊確認牠的位置嗎？請特別小心，因為這時候可能會踩踏或開門夾到牠，只要稍微留意一下，就能避免發生意外。

我想幫主人理毛！

#對人類 #咬頭髮

幫主人梳梳頭吧！

鸚鵡會藉「理毛」這個動作加深愛意。平時啾友之間會互相搔抓身體，也會讓主人幫忙搔頭（請參閱P47）。那要怎麼做才能向人類表達心中的愛呢？人類有頭髮，你可以鑽進頭髮裡咬咬頭髮，用滿滿的愛為他們「理毛」，主人一定會很喜歡你的貼心舉動。

鳥奴小叮嚀

「幫主人梳理頭髮」是鸚鵡想加深關係時的愛的舉動，不過有些鸚鵡會把頭髮當作「巢穴」（請參閱P95）。如果牠開始出現發情的行為，別讓牠靠近你的頭髮，試著轉移牠的注意力。

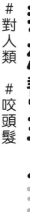

我都出來了，陪我玩嘛！

#對人類 #拉扯衣服

拉扯衣服，透過肢體接觸傳達需求

既然離開鳥籠了，當然要好好玩一玩！表達「我想玩」的方式有很多，這招是透過肢體接觸傳達你的需求。包含主人在內的人類都會穿衣服，試著用嘴巴咬住衣服拉一拉，這麼一來，主人就會注意到你。另外，容易拉扯的位置是頸部或手的附近，方便嘴巴施力的地方最理想。

鳥奴小叮嚀 難得有玩的機會，請不要放著鳥寶不管。重視溝通的鸚鵡，多半很期待和主人一起玩。在牠拉扯你的衣服之前，請主動一點陪牠玩吧。

多和我說說話～

#對人類 #靠近嘴巴

靠近主人的嘴巴，請他說說話

如果你想聽主人說話，請靠近他的嘴巴。人類是用嘴發聲，所以靠近一點就會聽得很清楚。今天主人會講什麼呢？如果主人說話了，可以試著和他聊一聊。有時看到主人好像在吃東西，你也會很在意吧？當主人的嘴巴動來動去時，不妨湊到他的嘴邊瞧一瞧。

鳥奴小叮嚀

鸚鵡聽到主人對自己說話會很開心，「啾啾好可愛喔」、「啾啾好會說話」，像這樣把你的鳥寶當作話題，牠們聽了會更高興，有時還會和你聊天喔。

走開啦！

#對人類 #咬人

生氣的話就大力咬下去

要是主人做了你討厭的事，就用力咬他一口！肢體攻擊對人類很有效。咬住之後再扭一下，效果更好。人類被咬的反應都很大，看起來很有趣（笑）。不過，如果主人朝你噴氣，就該馬上停止！那就像是其他鸚鵡火大的時候會「呼～」地噴氣那樣，表示主人已經火冒三丈囉……。

鳥奴小叮嚀 如果不想被咬，請記住「別做鸚鵡討厭的事」、「不要反應過大」。如果被咬後做出激烈反應，鸚鵡會覺得很有趣，反而可能會想多咬幾次。若想制止牠，就不要有任何反應。

Column

啾友必看 主人被咬的各種反應

主人被咬後會怎麼樣呢？有時候，主人可能已經動怒，所以最好趕快停止。

□ 發出很大的聲音

主人做出很大的反應，而且看起來很開心，再多咬幾下吧！

□ 被噴氣

當主人朝你噴氣時，表示他正在生氣囉……。勸你還是乖一點，別再咬了。

□ 盯著看

如果主人被咬後，一直盯著你看，那是因為他很喜歡你。

□ 從手上放下來

也許主人在跟你玩遊戲？再爬到主人手上咬一下，他可能就會陪你玩喔！

□ 移動被咬的手

表示主人被咬後，不但不生氣還跟你玩。以後想要主人陪你玩，咬他就對了！

□ 無視

咬了也沒反應，真無趣。想想別的法子來吸引主人的注意吧。

「只要咬主人，他就會理我、跟我玩」，這很有可能是愛咬人的鸚鵡的心理狀態。即使對他生氣，他也會想成那是誇獎。如果覺得被咬很困擾，請不要做任何反應。看到主人沒有任何反應，他就會明白咬了也是白咬。

我喜歡你 我討厭你！

#對人類 #偏心 #你是唯一

超愛主人，我的眼中只有你！

我們鸚鵡「你是唯一」這種傾向是因為太愛伴侶（主人），因此有時會有攻擊其他家人或吃醋的舉動，不過這種狀況持續下去並非好事。像有些啾友只吃特定對象餵的食物，主人如果長時間不在身邊時就不吃東西。記得和家中的每個人和睦相處，這樣才能度過美好的鳥生活。

鳥奴小叮嚀 假如你的鳥寶有「你是唯一」的傾向，很可能會出問題。為了讓牠能夠接納特定對象以外的人，被視為「唯一」的對象要居中協助雙方，以順利達成溝通。

Column

鸚鵡的溝通術

除了最喜歡的人，與其他人都處不來的鸚鵡，該怎麼和他溝通呢？在此分享兩位啾友的經驗，請好好掌握當中的訣竅！

吃了其他人給的點心後，我的想法改變了！

我和爸爸、媽媽住在一起。我最喜歡媽媽了，不喜歡被爸爸摸，只要他一靠近，我就會咬他。平常都是媽媽餵我吃點心，某天卻變成爸爸。「咦？原來爸爸也會做讓我開心的事啊」，後來我們的關係慢慢變好了！

多和不同的人相處，提升溝通能力

我家只有我和主人，所以我不敢和主人之外的人互動。可是，主人說「我沒辦法一直照顧你」，於是找了很多人來家裡。在試著和那些人交流之後，我和其他人終於也能相處融洽了。

你怎麼啦？

#對人類　#安慰

覺得主人怪怪的，趕快靠近觀察看看！

主人和你在一起的時候總是很開心，但他今天感覺怪怪的。如果很在意，那不妨靠過去看一看。主人似乎心情不太好。主人看到你靠近，說「你在安慰我嗎？」……但其實你沒有那個意思。不過，再仔細看看主人，發現他好像變得有點開心耶。

要是以後又發現主人怪怪的，請靠近觀察他的情況。

鳥奴小叮嚀 有時鳥寶靠近你並不是為了安慰，只是看到主人怪怪的，心裡很在意。如果主人以為被安慰而變開心的話，牠們也會很開心，或許下次還會那麼做喔！

一直盯著主人看

#對人類　#凝視

眼神交流是信賴與愛的證明

除了叫聲與動作，我們鸚鵡也會用「眼睛說話＝眼神交流」的方式向對方傳達心情。凝視主人的舉動是因為信賴主人，如果主人也溫柔地回望，表示他也很信賴你唷。不過，有些不習慣和人類相處的啾友們最好別那麼做，否則可能會被人類的大眼睛嚇到。

鳥奴小叮嚀　鳥寶凝視主人是出自信賴，若是睜大雙眼一直盯著某處看，也許是因為害怕而動彈不了（請參閱P114）。這時請盡快消除令牠害怕的原因。

我幫你搔搔身體！

#對鸚鵡　#理毛

藉由肌膚接觸加深彼此的愛

如果想要確認彼此的愛，肌膚接觸是最好的方法！那麼應該怎麼做呢？很簡單，就是「理毛」。先搔搔對方的身體，再讓對方幫你搔一搔，互相幫忙理毛，確認彼此的愛。如果是嘴巴不易碰到的頸部以上，就像請主人幫你搔頭時那樣，把頭低下來就可以了。親愛的啾友們，也來幫灰鸚鵡老師搔搔身體吧！

鳥奴小叮嚀　家裡養了一對鳥寶，牠們卻各自理毛，難道是感情不好？不不不，才沒那回事。「同時理毛」是把對方當作同伴的舉動，請放心。

Column

家中已有其他鸚鵡的話……

雖然是和人類一起住，但家裡已經有其他鸚鵡了。為了避免發生爭執，好好了解家中已有其他鸚鵡會發生的情況。

主人會優先照顧原本的鸚鵡

原本的鸚鵡可能會嫉妒新來的鸚鵡，所以主人得優先照顧原本的鸚鵡。

根據契合度決定同居或分居

同種的鸚鵡如果處得來，可以住在同一個鳥籠。異種的鸚鵡或彼此處不來的話，可能會打架打到見血，所以還是分開住比較好。

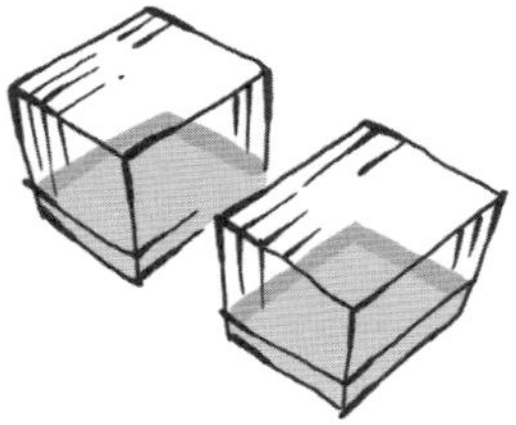

有些時候會打架

就算平時相處融洽，其中一方因為發情期等原因變得具攻擊性，這時說不定會打起來。

被稱為「情侶鳥」的牡丹鸚鵡或桃面愛情鸚鵡，擁有堅定的團結意識，相當適合群居生活。不過，如果兩隻鸚鵡變成一對，也許會對主人不理不睬，而如果把主人當成伴侶，也可能會攻擊新來的鸚鵡。請根據家中鸚鵡的性格或狀況來決定是否要養新的鸚鵡吧。

兩隻在一起，聊得很開心

#對鸚鵡　#聊天

感情好的鸚鵡會透過聊天分享八卦

誰和誰聊天聊得那麼開心？原來是虎皮鸚鵡啊。我們鸚鵡會透過聲音或動作來交換情報，那模樣也就是人類的「閒話家常」。

既然那麼聊得來，也可以合唱或對唱一首歌，下次有機會表演一下你們絕佳的歌唱默契給主人看。

鳥奴小叮嚀　感情好的鳥寶會聊天，而且聊得很起勁。如果家中養了一對鳥寶，也許牠們正在聊「主人最近都不跟我們玩」、「他到底是怎麼了」。

嘴對嘴餵食是愛的禮物

#對鸚鵡　#反芻

透過「反芻」牢牢擄獲對方的心

在鸚鵡界，最棒的求婚禮物就是「食物」。蛤！你說太不浪漫了？不不不，這是什麼傻話。送食物的時候不能隨便，而是要滿懷愛意地用嘴餵食對方。完美的餵食訣竅是，搖晃頭部，向對方獻出食物。如果對方願意收下就表示求婚成功！有些自戀的啾友還會對著鏡子向自己求婚呢。

鳥奴小叮嚀　鳥寶在發情期會有求愛餵食的「反芻」舉動。雖然牠們進行反芻時會搖頭，但假如是邊搖頭邊吐，也有可能是生病了。發現鳥寶有那樣的情況，請盡快帶到醫院接受診察。

聊天

早安——
吵唉……？
是不是講太快了？
早～安～
早～唉……？
早～安～
早～暗……？
差一點！
早～安～
流利
早……吃飽沒～
吃飽沒有比較好講嗎……

理毛

啪嗟啪嗟
你要幫我理毛啊？
咬咬咬咬
哈～好癢喔～
咬咬
咬咬
咬咬
哇啊！這裡也要弄喔！謝謝你唷～♪
你，你真的好用心……謝謝你……
超——蓬
立刻飛走

第3章

傳達心情的動作

透過肢體語言向對方傳達感受。

我想撒嬌

#動作　#撒嬌

有事拜託主人時，張開你的翅膀！

「陪我玩」、「我想吃點心」，啾友們都有向主人提出過請求吧？有事拜託的時候，有一招必殺技！首先，稍微打開翅膀，接著抖動翅膀，然後張開……這一招就是「超萌★展翅討抱抱」。用這個可愛的姿勢向主人撒嬌，主人一定會好好回應你的請求。不過，同一招用太多次，效果可能會變差喔……?!

鳥奴小叮嚀　鳥寶撒嬌是因為信賴主人。像是低頭討摸（請參閱P47）、張嘴討飯吃（請參閱P67）也是撒嬌的動作。可是，如果照單全收，牠們會變得很任性，這點請留意。

我要吃飯飯！

#動作 #張嘴

張開嘴，像小鳥那樣討飯吃

瞧瞧這位啾友，他像小鳥一樣張大嘴，向主人討飯吃，真是愛撒嬌。吃美食這件事，對鸚鵡或人類來說都很幸福。家人吃的東西應該「沒有毒很安全」，所以我們會忍不住想吃吃看，開始討吃。不過，主人或一起生活的貓、狗吃的食物，有些對鸚鵡的身體有害，不可以隨便亂吃喔！

鳥奴小叮嚀 如果鳥寶跟你討東西吃，請勿隨便餵食。因為有些人類的食物(葉菜除外※請參閱P101)會害牠們吃壞身體，另外，發情期學小鳥撒嬌或者很熱的時候也會出現這樣的動作。

看看我嘛～

#動作　#搗蛋

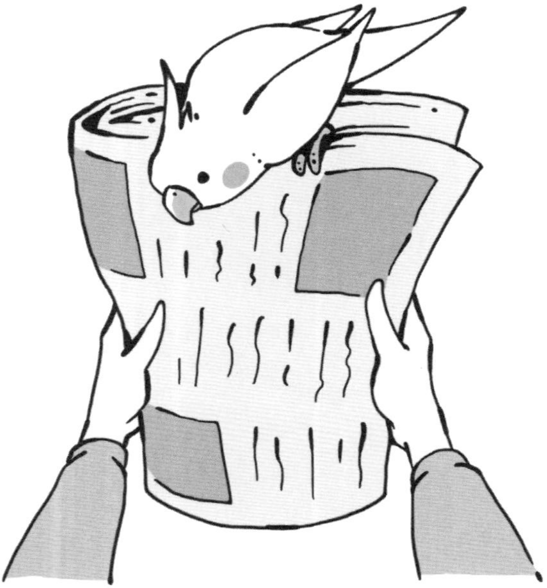

故意搗蛋，強迫主人看過來！

許多啾友都有「主人都不看我」這個煩惱。這時候，請先先觀察主人在做什麼，或許他正在看「報紙」或是滑「手機」呢？為了吸引主人的注意，試著站到報紙或手機上。直接闖入主人的視線範圍，他就會察覺到你的存在！

鳥奴小叮嚀　既然與鳥寶待在同一個空間，請不要分心看報紙或看電視。對鳥寶來說，與主人共處一室是很幸福的事。把鳥寶放出鳥籠時，請好好和牠們互動。

Column

主人！請看看我！

主人只顧著做其他事，怎麼做才能讓他注意到我……。在此傳授3大絕招，各位啾友要學起來喔！

倒立★

當主人不經意看過來時，發現你在倒立肯定會很驚訝，所以忍不住再多看你一眼！

故意惡作劇

看到你惡作劇，主人是不是很驚慌？那就惡作劇一下，嚇嚇主人，讓他無法忽視你。

跳跳跳

動作比較誇張的吸蜜鸚鵡很適合用「跳跳跳」這招。請用力跳一跳，引起主人的注意。

為了吸引主人的目光，我學了很多招。但我希望，在我做出那些舉動之前，主人先主動陪我玩，那我會更開心……。有些鸚鵡會在鳥籠裡倒立，不過他們不一定是想和主人玩，可能只是在找比棲木高的位置。

我準備好了！隨時都能出門喔！

#動作　#伸展身體

伸展身體，做好準備運動

各位啾友，你休息夠了嗎？那麼一起來玩吧！玩之前，先做一下暖身運動。「一、二、三、四」，依序伸展左翅、左腳、右翅、右腳，最後用力張開兩邊的翅膀。是不是很想趕快動一動啊？人類在運動前也會先做伸展操活動手腳。這樣看來，我們和人類不只心理，就連行動也很相似呢。

鳥奴小叮嚀　這是鳥寶要做某種行為前的準備運動，稱為「開始行動」。如果想和鳥寶玩，看到這個動作請把握機會。用牠們喜歡的玩具，好好陪牠們玩一玩。

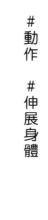

外面好可怕～

#動作 #不離開鳥籠

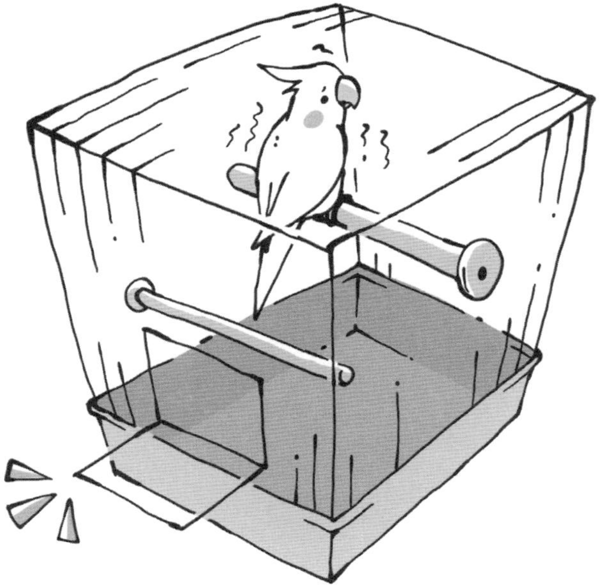

不必勉強自己離開鳥籠

好奇心旺盛的鸚鵡，總是對於鳥籠外的一切充滿興趣。不過，假如展開冒險的時候，留下可怕的回憶或痛苦的經驗，就會變得害怕離開鳥籠。這樣的話，就算主人叫你也不必勉強離開鳥籠，畢竟那兒是很安全的地方。過了一段時間，當你覺得鳥籠外也很安全時，再試著展開冒險。

鳥奴小叮嚀 鸚鵡被放出鳥籠時，如果有過可怕的經驗，牠們就會不想離開鳥籠。一旦知道外面很安全，牠們自然會離開鳥籠。試著擺放喜歡的玩具，營造有趣的氣氛，慢慢減少鳥寶內心的恐懼感。

來玩嘛、來玩嘛！

#動作 #左右移動

在棲木上不停地左右移動

看看這隻牡丹鸚鵡，因為很想玩，一直動來動去。鸚鵡想到鳥籠外玩時，會在棲木上左右移動。有些主人看到那副靜不下來的模樣誤以為「他怎麼了?!」。完全沒事請放心！我們只是非常想玩，剛好又被主人看到，這時候請把我們放出鳥籠吧。

鳥奴小叮嚀 這種舉動是「我想大玩特玩」的意思。鳥寶不想待在鳥籠裡，想到外面盡情玩耍，所以主人也請騰出時間，陪牠們好好玩一玩。

這個我玩膩了～

#動作 #丟玩具

玩膩了就丟掉！

剛剛還玩得很開心的玩具，突然間覺得玩膩了，啾友們有過這樣的經驗嗎？要是玩膩了，那就把玩具丟到地上吧！掉在地上就不用玩啦，而且被主人看到說不定會陪你玩。乾脆來玩我丟你撿，這也是很有趣的遊戲。沒想到玩膩的玩具會有新的玩法。喂～主人，快點撿起來呀！

鳥奴小叮嚀 有些鳥寶把玩具丟到地上，看到主人有驚訝的反應或撿起來，牠們會以為在玩遊戲，於是一丟再丟。拉扯或移動物品也是鸚鵡的遊戲之一。

今天到此為止！

#動作　#尾羽上下擺動

上下擺動尾羽，轉換心情

我們鸚鵡和主人一起玩或是自己玩的時候，如果覺得「今天到此為止」，不想再玩了，就會上下擺動尾羽。這麼做除了是告訴對方「結束了」，也是讓自己轉換心情的好方法。這種舉動大概就像人類說的「休息一下」。順帶一提，鸚鵡互相打招呼也可用擺動尾羽的動作。遇到其他啾友時，靠近對方上下擺動尾羽，說聲「你好」吧！

鳥奴小叮嚀　這稱為「結束行動」。要是鳥寶做了這個動作，你還一直跟牠玩，說不定牠會覺得「你好煩」。發現鳥寶做出結束行動後，請和牠一起轉換心情。

你好煩喔～

#動作　#拍動翅膀

覺得很煩的時候，拍拍你的翅膀

右頁提到了鸚鵡的「結束行動」，有些主人就算看到那樣的動作，還是纏著要玩。你的主人也是這樣啊。這時候，必須清楚地告訴主人「夠了喔！」，讓他知道你覺得很煩。方法很簡單，張開翅膀拍一拍就好了。就算很喜歡對方，如果他很煩，還是會變得討厭。此外，發生不開心的事情時，這個動作也有「冷靜」的效果。

鳥奴小叮嚀

鳥寶做出這個動作的話，表示牠對你感到很不耐煩。這時候，跟牠說聲「對不起一直煩你」，趕緊離開。死纏爛打會被討厭喔。

我還想玩！

#動作　#揮擺翅膀

揮擺翅膀抵抗！

還想繼續玩，卻被主人放回鳥籠，各位啾友都有過這樣的經驗吧。這時候，為了表示抵抗或拒絕，試著停在棲木上揮擺翅膀，做出準備要飛的動作。其實，人類的小孩也有類似的舉動，但他們沒有翅膀，而是用腳。吵著要大人買玩具或零食時，他們就會「跺腳」。另外，像是不想睡卻被關燈、主人唱了你不喜歡的歌也可以這麼做喔。

鳥奴小叮嚀 遇到鬧脾氣的鳥寶，不理會是最好的方法。要是想辦法安撫，反而會讓牠得意忘形，以為「只要鬧脾氣就有甜頭♪」。除了表示抵抗或拒絕，覺得主人很煩時，牠們也會拍動翅膀。

我一點都不想睡！

#動作 #不睡覺

正值愛玩年紀的年輕鸚鵡，體力正旺！

灰鸚鵡老師年輕時也是如此。比起睡覺，更喜歡玩，有段時期都不聽主人的話，經常玩到半夜，那時覺得很刺激。不過，從健康面來看，熬夜對身體很不好。鸚鵡的基本生活是早睡早起（請參閱P176），為了充實度過每一天，請確實做好健康管理。「該睡覺囉！」，是主人的聲音。睡飽一點，明天才有體力玩喔。

鳥奴小叮嚀 想要維持身體健康，必須有規律的生活作息。到了晚上，就算鳥寶表現出「我還想玩！」的樣子，別放任牠，把牠放回鳥籠，蓋上罩子。只要四周的環境變暗，牠們就會準備入睡。

我想洗澡！

#動作　#假裝洗澡

用假裝洗澡的動作讓主人知道

好想洗澡，但主人似乎沒有察覺……。請閉上眼睛，想像正在洗澡的自己。閃著光的水面，水花噴濺在身上的爽快感。是不是越來越想洗澡了？身體忍不住動了起來，在棲木上做出假裝洗澡的動作。喔，看到你的舉動後，主人開始準備水盆，總算可以洗澡了，請好好洗個過癮！

鳥奴小叮嚀

鸚鵡是很愛乾淨的動物，洗澡不但可以洗掉身上的髒污或脂粉（請參閱P159）、寄生蟲，還可以消除壓力。雖然洗澡無關季節，但冷水或熱水都不OK，請用常溫的水就好！

洗澡真開心

#動作　#跑來跑去

因為太開心，忍不住跑起來！

「耶～！」從這位啾友的歡呼聲就知道他有多期待。等了好久，終於可以洗澡囉！興奮地在主人身邊跑來跑去。那麼，請好好洗個過癮！……洗完啦，很舒服吧？除了用水盆洗澡，有些啾友是在水龍頭旁淋浴喔，感覺真豪邁。啾友們的喜好各不相同，請用自己喜歡的方法開心洗澡吧！

鳥奴小叮嚀　基本上是每週洗一次。如果是愛洗澡的鸚鵡，或者是天氣熱的時候，牠們會更想洗，要求洗澡的次數也會增加。不過，有些鸚鵡不喜歡洗澡，不要讓牠們配合你的時間洗澡，請視鳥寶的喜好或身體狀況，調整洗澡的次數。

看什麼看啦～

#動作　#瞳孔縮小

瞳孔縮小，進入攻擊模式！

一向溫順友好的鸚鵡，在成長過程中遇到發情期或叛逆期，有時會進入攻擊模式。瞳孔縮小，「怎樣，你想單挑嗎?!」，挑釁看不順眼的對象。對方可能是新來的鸚鵡、不喜歡的玩具或是家中的某人。當他們心情不好時，請默默地守在身旁。

鳥奴小叮嚀

進入攻擊模式的鸚鵡會故意找碴(?!)發動攻擊。如果覺得很煩，暫時別理會，讓牠知道就算生氣也解決不了問題。這種情況要是持續很久，最好向醫師諮詢看看。

房間好髒，我要打掃一下～

#動作 #亂丟糞便

把便便丟出籠外！

天啊，鳥籠底盤積了好多便便。就算是自己的排泄物，愛乾淨的我們還是會很在意。尤其是鳥籠底盤的墊材，希望主人每天都能更換……。為了向主人表達你的要求，試著把便便丟出籠外。看到你的反常舉動，主人應該會有所察覺。

鳥奴小叮嚀 打掃鳥籠保持乾淨，對鳥寶的健康是很重要的事。除了更換底盤的墊材，每星期清除卡在濾糞網的糞便一次，以及每個月用熱水消毒鳥籠一次。

我生氣囉！真受不了你！

#動作　#臉上的毛倒豎

臉部周圍的毛倒豎，氣呼呼！

這位啾友臉上的毛都豎了起來，看樣子他已經生氣了。鸚鵡憤怒的時候，臉部周圍的毛會倒豎，這就像是人類「氣到頭頂冒煙」的狀態，那模樣一看就知道是在生氣。這時候，千萬別跟鸚鵡說「你好可愛」這種白目的話，因為他們是真的火大了！

鳥奴小叮嚀　看到鳥寶氣成這副模樣，你知道牠為什麼生氣嗎？假如原因是你，趕緊說聲「對不起」。就算關係親密也要有分寸。道完歉後，讓牠靜一靜，等牠氣消才是明智之舉。

Column

表達憤怒的方法

讓對方明白你的憤怒很重要。不光是聲音，也要用行動表示。至於生氣的理由，請主人自己好好反省！

臉部周圍的毛倒豎＆「呼～」地噴氣

怒氣到達頂點時，除了右頁介紹的「讓臉部周圍的毛倒豎」，再加上「呼～」地噴氣這一招。對方看到後，肯定會知道你發火了。

左右搖晃，讓身體看起來變大

覺得「很火大！」的時候，左右搖晃身體。這麼做會讓身體看起來變大，讓對方感受到你的「氣勢」。

啾友們都知道怎麼表達憤怒了吧？別隱忍怒意，鼓起勇氣讓主人明白你的憤怒。順帶一提，人類也會用噴氣表達憤怒（請參閱P55）。要是主人朝你噴氣，請反省一下是不是做得太過份了。

我比較厲害喔！

#動作　#停在高處

「嘿嘿！」我才是高手

「為了保護自身安全，會想待在高處」是鸚鵡的習性（請參閱P19），那樣的想法稍微改變之後，於是形成「待在高處比較厲害」的認知。因此，如果你也想要宣示自己很厲害，飛往高處就對了，例如餐具櫃或冷氣機上方等人類不易碰觸的地方。飛往高處後，記得擺出「嘿嘿！」的得意姿態。

鳥奴小叮嚀 如果家中的鸚鵡總是待在高處，說不定是因為瞧不起你。這種情況持續下去，牠會變得很任性。請在高處擺放物品或用繩子圍起來，讓牠無法進入那些地方。

瞧瞧我多帥！

#動作 #挺起肩膀

挺起肩膀，一臉得意地來回走動

這位啾友想向心儀的對象展現他的男子氣慨。挺起肩膀來回走動這招很適合肉食系男孩。「我是猛男喔！」用得意的表情，充滿自信地昂首闊步，應該能夠迷倒對方。蛤，你喜歡的是你的主人？那也沒關係。這招對主人也有效。

「請你嫁給我！」積極地發動攻勢吧。

鳥奴小叮嚀 宣示「我很強」是公鸚鵡才會有的求愛行動。求愛對象不只母鸚鵡，有時是主人。不過，公鸚鵡發情會變得具攻擊性，看到牠做出這種舉動時，把牠放回鳥籠，緩和發情的躁動情緒。

這兒都是我的地盤！

#動作　#不回鳥籠

鳥籠外也是我的地盤，所以我不必回鳥籠

前文中曾提到，有些鸚鵡認為「家裡最安全，不想離開鳥籠」（請參閱P71），但有些鸚鵡會把籠外的空間也當作自己家。當然，鳥籠裡外都很安全的話，不必總是待在狹窄的鳥籠。不過，你確定外面真的安全嗎？地盤範圍大，或許有潛在的危險。雖然鳥籠不比外面寬闊，待在裡頭比較能夠安心休息對吧。

鳥奴小叮嚀　隨時都能開心玩耍的安全環境，對鳥寶來說是最棒的事。先決定好放出鳥籠的時間，讓彼此過舒適的生活。在鳥籠裡放牠們喜歡的東西如玩具，時間到了，牠們自然會乖乖回鳥籠。

我很強喔！

#動作 #展開尾羽

壯大身型，展現強勢

要讓對方覺得你很強，必須讓身體看起來壯碩。為什麼要那麼做？因為對方看到你比他壯就會害怕啦。所以請展開尾羽，這麼一來身體就會變大，對方肯定會嚇到。無論公鸚鵡或母鸚鵡，這招都很管用，壯大身型，好好嚇嚇對方。順帶一提，同為鳥類的孔雀會把美麗的尾羽展開如扇狀，那是公孔雀向母孔雀的求愛行為。

鳥奴小叮嚀 總是待在高處的鳥寶會變得很強勢，進而展開尾羽做出威嚇舉動。為了不讓牠們任性而為，請調整鳥籠的位置（請參閱P19）。

嗯～好想拔羽毛～！

#動作　#拔羽毛

這是鸚鵡特有的「啄羽症」

看看這位啾友，正在一根、兩根……拔掉自己的羽毛，這稱為「啄羽症」，和一般的理毛不太一樣，詳細說明請參閱左頁。這位啾友似乎最近身體不舒服，建議他先去醫院檢查看看吧。啄羽是很奇妙的行為。不少鸚鵡無聊時會拔羽毛，覺得很有趣，甚至拔上癮。如果要玩，請和主人或玩具玩！不要隨便亂拔自己的羽毛唷！

鳥奴小叮嚀

啄羽症至今仍是沒有明確治療方法的難解病症，目前醫生、學者、鳥類訓練師等各領域的專家還在研究啄羽症這個行為。因此，理解啄羽症的第一步就是要明白這是沒有正確解答的舉動。

Column

身體疾病？心理疾病？

我們鸚鵡拔掉羽毛，有時是因為身體生病。例如營養失調等情況，長出不同於平時的羽毛，鸚鵡看了會心想「我不喜歡這個羽毛！」所以想拔掉。若是因為心理疾病，可能是壓力或發情所致。不過，也有可能拔毛只是想吸引主人的注意。要是發現鸚鵡在拔毛，請先帶去醫院接受診察。假如不是身體有異狀，請好好找出原因。

啄羽症一旦惡化，腋下或腹部等處的羽毛會變得光禿禿。許多主人看到鸚鵡變成那副模樣會大受打擊。可是，要讓他們立刻停止拔毛並不容易。請多花點時間和鸚鵡相處，耐心地找出原因。主人也別太鑽牛角尖。

以○或×回答問題

鸚鵡學測驗 －前編－

各位啾友究竟學到多少鸚鵡知識？
先來複習第1章～第3章。

第 1 題 鸚鵡害怕待在**高處**。 [　　] → 答案・解說 P.19

第 2 題 想要主人陪的話，站在擋住**主人視線**的**東西上**。 [　　] → 答案・解說 P.68

第 3 題 覺得主人看起來**怪怪的**，所以離他**遠遠的就好**。 [　　] → 答案・解說 P.58

第 4 題 非常火大的時候，發出「**嘎～**」的叫聲。 [　　] → 答案・解說 P.38

第 5 題 遇到很煩的傢伙時，記得**拍動翅膀**。 [　　] → 答案・解說 P.75

第 6 題 如果鳥籠裡變髒了，應該自己動手**打掃**。 [　　] → 答案・解說 P.81

第 7 題 想被摸的時候，**低下頭**。 [　　] → 答案・解說 P.47

第 8 題 **展開尾羽**，向對方宣示自己很強。 [　　] → 答案・解說 P.87

第9題 就算**只有1隻**，有主人陪就不會**寂寞**。 [　　　　] →答案・解說 P.21

第10題 向對方示愛的叫聲是**「pyu ro ro」**。 [　　　　] →答案・解說 P.32

第11題 鸚鵡不懂得**察言觀色**。 [　　　　] →答案・解說 P.23

第12題 覺得鳥籠外**很可怕**的話，**不離開**也沒關係。 [　　　　] →答案・解說 P.71

第13題 鸚鵡是平等主義，不會特別**偏愛**某個家人。 [　　　　] →答案・解說 P.28～29

第14題 鸚鵡**求婚**的時候會送**寶石**。 [　　　　] →答案・解說 P.63

第15題 鸚鵡挑釁時會**縮小瞳孔**，狠瞪對方。 [　　　　] →答案・解說 P.80

答對11～15題 (表現得非常好)

你很認真學習喔，你會成為博學的鸚鵡！

答對6～10題 (不錯唷)

基礎知識都有記住，再複習一遍吧！

答對0～5題 (好好加油吧)

……你真的是鸚鵡嗎？重新努力學習！

啾星人劇場

滑手機

主人～跟我玩啦！
你一天到晚都在滑手機……
到底有什麼好看的？
噢！
這是我的天菜！
哈——囉
你對著照片耍帥
也沒用啦……

捉迷藏

來玩捉迷藏吧！
好啊～！
那我要當鬼！
我也想玩！
躲～好了～沒？
還～沒有喔～
躲～好了唷～！
我要
開始找囉！
因為太興奮
我的頭一直晃停不下來！
我也是耶～！

第4章

鸚鵡的奇妙行動

就算全都是鸚鵡，有時也會有不可思議的行動。

本章將說明那些行動代表的意思。

超開心！

#行動 #搖晃頭部

心情超嗨，不停甩頭！

我們鸚鵡偶爾會像被附身似的上下搖晃頭部，那可能是因為感到幸福，或是看到主人開心的模樣，用搖頭表現喜悅的舉動。不少主人會被突然猛烈甩頭的動作嚇到，但他們應該能感受到我們是真的很開心。「甩得那麼大力，不會頭暈嗎？」，請別小看鸚鵡，我們才沒那麼弱不禁風！

鳥奴小叮嚀 假如鳥寶做了這個動作，請你跟著一起做。做相同的行動會讓鳥寶覺得很開心，而且因為開心，甩頭會甩得更起勁喔！

暖呼呼好幸福～

#行動　#鑽進衣服裡

想起待在鳥巢的回憶

有些愛撒嬌的鸚鵡很喜歡鑽進主人的衣服裡，或是賴在主人的手中。對鸚鵡來說，待在狹窄溫暖的空間會想起「鳥巢」，回憶起小時候，彷彿變回小寶寶，陶醉於那樣的氣氛。啾友們應該都能理解那種心情吧。因為待在主人身邊安全又幸福，所以才會有這般徹底放心的舉動。

鳥奴小叮嚀　這是會讓鳥寶想起鳥巢的行為，但如果是母鸚鵡就不太OK了。要是讓牠們覺得「這兒是最棒的產卵地點」，反而會導致過度的發情。假如已是發情狀態，請避免過度的肌膚接觸。

我會巡視地盤喔～

#行動　#張開翅膀走路

張開翅膀，確認地盤有無異狀

這位啾友正在認真地查看地盤。張開翅膀、四處走動的行動是在確認「我的地盤今天也沒事吧」，也就是巡視地盤。離開鳥籠時，難免會擔心地盤內是否有沒看過的東西或可疑的東西。因此，巡視地盤是很重要的事。假如出現了奇怪的東西，那還真可怕……（完全不敢想像），所以還是每天巡一巡吧。

鳥奴小叮嚀 一般來說，桃面愛情鸚鵡與牡丹鸚鵡具有強烈的地盤意識。另一方面，玄鳳鸚鵡等隨季節改變棲地的「候鳥」品種比較沒有地盤意識，也比較不會想把地盤內的環境弄得很舒服。

腳好冷喔

#行動 #單腳站立

覺得有點冷……

「嗚～好冷好冷。好像有點冷起來了～」這時候請把腳縮進身體裡。來瞧瞧鸚鵡的身體構造，就只有那雙腳總是露在外面，腳上完全沒有毛，直接曝露在寒冷或炎熱的環境中。覺得冷的時候，把腳縮進溫暖的羽毛裡，縮好後蹲著就會變得很暖和。站在棲木上如果覺得冷，單腳站立也是個取暖的好方法。

鳥奴小叮嚀 在季節變換的時期，有時會出現劇烈的溫差。這時候，鸚鵡會利用身體及羽毛來禦寒。不過，要是太冷了，請調整一下室內的溫度。

蓬蓬的，腦袋也放空

#行動　#身體膨脹

身體不舒服的徵兆！你沒事吧？

太冷的時候，鸚鵡的身體會膨脹變「蓬」。看到這樣的啾友，可別覺得「他圓滾滾的，好可愛喔～」。因為那不只是因為冷，可能也是身體不舒服的徵兆。當他們感到「不行了，實在好冷……」的時候，就會讓羽毛變蓬。一根根蓬起的羽毛可以將暖空氣留在體內。提醒各位啾友，如果你也變成這副模樣，可得當心生病囉！

鳥奴小叮嚀　明明已經開暖氣，家中鳥寶還是保持羽毛蓬起（膨羽）的狀態，那牠可能是生病了。有時鳥寶受到驚嚇也會出現膨羽的反應。只要膨羽的狀態沒有持續太久都不必太擔心。

假裝在吃飯……

#行動 #假裝吃飯

想隱瞞身體不舒服的鸚鵡心

這位啾友怎麼啦？是身體不舒服嗎？有些人說鸚鵡看起來「傻呼呼」或是「很開朗」，其實我們相當敏感。所以，身體不舒服吃不下飯的時候，為了不讓主人擔心，我們會假裝有吃。勉強裝成健康的樣子，就只為了看到主人的笑容，即使知道這麼做不好……。不過，說謊是不好的事喔。

鳥奴小叮嚀 讓飼料盒看起來變空的「假裝吃飯」是很巧妙的招數。可是到底有沒有吃，每天負責照顧的主人其實很容易察覺。鳥寶這種想被關心又怕添麻煩的複雜心情，還請各位多包涵。

大口吃便便……

#行動　#吃糞便

別吃了！你是不是缺乏營養?!

其他動物有壓力時會吃糞便，那種舉動稱為「食糞」。鸚鵡偶爾也會吃自己的糞便，不過，目前還不知道明確的理由。與其說是因為壓力，也許是為了補充不足的營養才吃。討厭吃蔬菜或偏食的鸚鵡不在少數。就營養面來看，綜合型的飼料是最棒的選擇！乾脆趁這個機會改吃綜合飼料吧？

鳥奴小叮嚀 看到鳥寶在吃鳥籠底盤的糞便，實在有點不舒服。其實，牠們也不想吃……。所以，請幫牠們準備營養均衡的飼料。

Column

攝取營養豐富的綜合飼料與蔬菜

綜合飼料均衡添加了鸚鵡身體需要的蛋白質、脂質、膳食纖維等營養成分。還有強調視覺享受的紅或紫色、黃色等色彩繽紛的綜合飼料喔！另外，也別忘了攝取葉菜類的副食品，如小松菜或豆苗等，葉菜能夠豐富鸚鵡的飲食生活。

好奇心旺盛又愛吃的鸚鵡，看到主人在吃東西，他們會想「親愛的主人在吃什麼啊？」，說不定會纏著討東西吃。可是，千萬別讓他們吃人類的食物。就算他們用水汪汪的眼神拜託你「給我吃」，也絕對不能給喔！

哈、哈啾！

#行動　#打噴嚏

唉呀，你是不是感冒了？

「嘴巴突然發出『哈啾』的聲音，而且頭還會跟著晃動。難道我學會了新的特技嗎？」。這位啾友你也太少根筋了吧，先別急著拍影片上傳，那只是打噴嚏而已啦！要是持續太久，很有可能是感冒了，請小心身體啊。附近的其他啾友，稍微和他保持距離比較好喔，畢竟現在還沒有給鸚鵡用的口罩。

鳥奴小叮嚀　聽到鳥寶「打噴嚏」令人擔心，但有時是很會模仿的鳥寶在學主人打噴嚏。哈啾！家裡有人鼻子過敏嗎？原來是鳥寶喜歡那聲音學起來了。

今天下雨啊。那就放鬆休息吧

#行動　#雨天變得很安靜

雖然有個別差異，雨天多半會變得安靜

來自澳洲的虎皮鸚鵡似乎是「晴耕雨讀」的類型，南美出身的太平洋鸚鵡在雨天反而很好動。看來和啾友們的出生地有關。生活在乾燥地帶的鸚鵡，雨天時會很安靜，亞熱帶的鸚鵡則是變得很活潑。時而乾燥、時而下雨的日本，四季變化分明，因此，代代生長於日本的鸚鵡，有些其實已經不在乎天氣的變化了。

鳥奴小叮嚀　心情隨天氣改變，這與鳥寶的個性也有很大的關係。例如，天氣好的時候，主人感覺很開心，或是忙著曬衣服做家事，鳥寶看了也會覺得很開心。

用嘴巴敲敲敲

#行動　#用鳥喙敲擊

棲木就是我的樂器！

咦？這位啾友說最近很無聊，那麼，請用你的嘴敲敲看棲木。同樣都很硬的東西互相碰撞，發出了砰砰砰的有趣聲響。一直敲的話，就像在演奏樂器一樣♪　其實不少鸚鵡都會把棲木當樂器，玩打擊樂的遊戲。通常鸚鵡都很熱愛音樂，好比鳴唱。你也來試做一首自己的歌吧！

鳥奴小叮嚀　聽到你的鳥寶會創作音樂，是不是嚇了一跳？如果可以的話，請你也一同加入合奏。開心過生活是鳥寶的原則，和牠一起享受音樂的美好吧！

嘴巴好～癢

#行動　#磨擦鳥喙

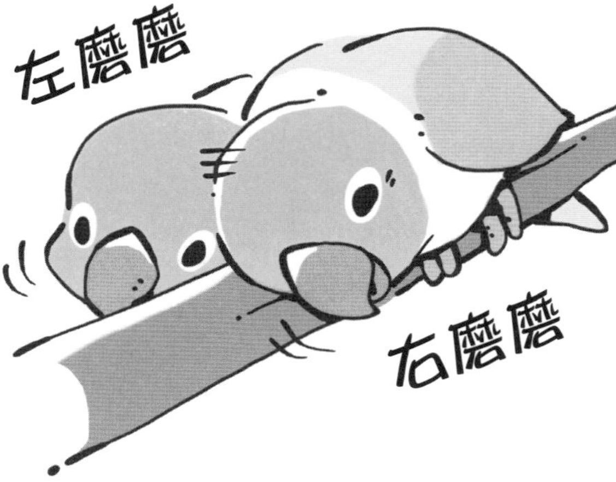

用嘴巴在棲木上磨一磨！

有時食物的殘渣會留在嘴上，或是覺得嘴巴癢癢的。這時候，請直接用嘴巴在棲木上磨一磨。方便又實用的棲木除了可以歇腳休息，還能當作抓癢棒或樂器。順帶一提，鳥喙的主要構成物質是「角蛋白」，和人類的指甲差不多。有些少根筋的主人以為我們的鳥喙很硬沒什麼知覺，其實還是會覺得癢喔。

鳥奴小叮嚀　鸚鵡很愛乾淨，有時吃完飯或喝完水會想擦擦嘴，這時候，主人就成了最方便的「毛巾」。你家的鳥寶說不定今天也用你的衣服擦了嘴喔。

我在磨嘴巴

#行動　#咕哩　咕哩

睡前為明天做準備！

今天也過得很開心！隔著鳥籠看到主人在準備明天要穿的衣服，我們也不能閒著，要為明天做些準備，磨一磨嘴巴好了。上下的鳥喙互相磨擦，發出「咕哩　咕哩……」的聲音。嗯嗯，感覺不錯。像這樣磨磨嘴，明天就能大吃一頓。規律的生活是鸚鵡的原則，好好保養身體是最重要的事！

鳥奴小叮嚀 有些很愛鸚鵡的主人喜歡聽到這種磨嘴巴的「咕哩　咕哩」聲，畢竟每個人的喜好各不相同嘛。鳥寶喜歡在睡前磨磨嘴。不過，有些鳥寶不敵睡意，磨到一半就睡著了。

這傢伙很可疑！戳戳看吧！

#行動 #用鳥喙戳

覺得很在意，用嘴巴戳一戳

有個東西讓你很在意？如果有興趣，直接用嘴巴戳戳看吧。對鸚鵡來說，鳥喙是接觸目標物最方便的工具。要是發現了在意的東西，先用嘴巴戳一戳，確認它是什麼。假如是可怕的東西，有兩個應對方法。第一，飛遠一點，逃離現場。第二，給予反擊，咬下去！方便的嘴巴也是最棒的武器。

鳥奴小叮嚀

鸚鵡很少會接近可怕的東西，要是牠們用嘴巴戳某個東西，表示對那個東西「有興趣」。如果想讓牠們克服棘手的東西，像是某個玩具或某個食物等，請先讓牠們「戳一戳」。

好熱喔～

#行動　#張開翅膀

張開翅膀，讓身體散熱

這位啾友似乎熱壞了。如果覺得熱，趕緊張開翅膀！此時的重點是，讓空氣進入羽毛根部。其實這個姿勢也有點像是人類打開腋下時的動作。由於羽毛容易積熱，放掉翅膀內的空氣，讓羽毛變得扁塌也是不錯的方法。身體散熱後，你就會覺得涼快許多。

鳥奴小叮嚀　鳥寶開心時也會張開翅膀，但在覺得熱的時候張開翅膀，通常羽毛會變得扁塌。炎熱的盛夏時節，請幫牠們調整溫度。當鳥寶張嘴呼吸，這就表示牠們覺得很熱。

有東西飄來飄去！追上去瞧瞧

#行動　#追著尾羽繞圈圈

那是你的尾羽啦！

「好漂亮的東西！那是什麼？」你看那隻啾友在原地繞圈圈。鄰居的狗也常有這樣的舉動。不過，那個漂亮的東西其實是他自己的尾巴（＝尾羽）啦！因為顏色鮮豔美麗，所以很在意。這正是好奇心旺盛且健康的鸚鵡會有的行為。尤其是年輕的時候，不少鸚鵡都為此著迷。灰鸚鵡老師也有過那樣的時期。年輕人總是血氣方剛嘛！

鳥奴小叮嚀　很多主人第一次看到鳥寶追自己的尾巴會覺得不可思議，然後擔心牠們「是不是壓力太大」。請放心！只要沒有長時間持續，那就只是在玩而已。如果是在鳥籠內繞圈圈的話，請確認鳥寶有沒有受傷。

奇怪？那是什麼聲音？

#行動　#歪頭

歪著頭，尋找聲音的來源

我們鸚鵡的耳朵在鳥喙的後方，但沒有收集聲波的「耳廓」，這個詞聽起來很陌生對吧。舉例來說，像是貓咪頭上的三角形、人類臉部的左右邊，那種有形狀的耳朵就是「耳廓」。沒有耳廓的我們，整個頭部好比碟型天線，收集來自四面八方的聲波。假如聽到在意的聲音，就會歪頭尋找聲音的來源。對了，聽說貓或狗則會移動耳廓來尋找聲音的方向。

鳥奴小叮嚀

歪著頭的鳥寶，那模樣超可愛。其實牠們也聽得懂喔！所以，有時叫牠們的名字，牠們會歪頭做出「怎麼啦？有什麼事？」的反應。

哈～啊，好睏喔。

#行動 #打哈欠

嘴巴張開開，打個大哈欠

「好睏喔，差不多該睡了」，到了傍晚忍不住「哈～啊」地張大嘴巴，各位啾友都有過這種經驗吧？這叫做「打哈欠」，人類或其他動物也有這種舉動。我們鸚鵡也會打哈欠喔！而且，美國的研究也證實，虎皮鸚鵡之間會「傳染打哈欠」。鸚鵡本來就是群居動物，看到同伴的行為，自然而然會跟著照做。

鳥奴小叮嚀 鸚鵡看到同伴打哈欠會跟著打，就連主人打哈欠也會有相同反應。有些鸚鵡是因為喜歡這個動作，所以學著做。說不定下次你伸了大懶腰也會被學起來喔(笑)。

這是哪裏啊～?!

#行動　#逃到屋外

一旦離開熟悉的家，就很難回得去……

少部分的鸚鵡會不小心飛出家門。雖然鸚鵡的記憶力很好，但和人類一起生活後，只會記得家裡的事，所以一旦離開家，就會很難找到回家的路。各位啾友要是不小心飛出家門，請先別緊張，停下來仔細傾聽，也許會聽到主人的呼喚。只要朝著呼喚聲飛去，應該就能重回主人的懷抱。

鳥奴小叮嚀

想要避免鳥寶走失，最好的方法就是多留意。萬一不小心飛出家門，請趕快追出去，呼喊牠的名字。也許牠會為了確認安全暫時停下來，這時候如果聽到熟悉的聲音，就會朝著聲音的方向飛去。

Column

出門真開心！

雖然右頁提到「離開家是很可怕的事」，但如果是和主人一起那就不必擔心了，說不定很好玩呢！好比去醫院，有些啾友很討厭醫院，但那兒是維護身體健康的地方，去的時候應該感到開心才是。和主人一起出門，必須被裝在外出提籠。還不習慣待在提籠的你可能會覺得不舒服，一旦習慣了，出門就會很方便，所以請盡早適應那個東西。

帶鸚鵡出門時，像是去醫院，必須使用外出提籠。可是，鸚鵡生性膽小，對於沒看過的東西會很害怕。把提籠放在鸚鵡容易看到的地方，看久了也許能降低他們的警戒心。移動時間盡可能不要太長，這樣他們會比較安心！

那傢伙，感覺很可怕……！

#行動　#瞳孔放大

瞳孔放大，仔～細觀察！

「那東西好可怕！完蛋了！它越來越靠近，這下子該怎麼辦！」遇上這種怕到叫不出聲的情況時，鸚鵡會用力睜開眼、撐大瞳孔。即使無計可施，至少要用眼睛蒐集資訊，掌握狀況！抱著必死的決心硬撐下去，不過那模樣看起來很狼狽，如果可以，希望不要遭遇這種情況。

鳥奴小叮嚀 和人類一起生活的鸚鵡，通常不會有這種表情。不過，膽小的鸚鵡第一次去醫院時，可能因為緊張出現這種表情，而全身變得僵硬。這時候請溫柔地出聲安撫。

讓我舔舔手

#行動 #舔手

缺乏礦物質就會想舔人類的手?!

被舔手的主人，看起來好像很開心？不過，這個舉動其實不是人類想的那樣。貓或狗這種動物舔主人是一種表現愛情的行為，我們也是這樣嗎？不！鸚鵡不會舔主人來示愛。當我們覺得「最近似乎缺乏礦物質」的時候，就會想舔人類有點鹹（？）的手。但，有時則只是覺得好玩而已。

鳥奴小叮嚀 不少飼主被鳥寶舔手後，會以為「牠這麼喜歡我啊，真可愛」，但其實鳥寶並不那麼想。牠們會有那種舉動可能是因為營養不均，像是缺乏礦物質等，希望主人能夠察覺。請重新準備營養均衡的食物吧！

眼睛眨啊眨，停不下來!!

#行動　#眨眼

處於警戒狀態時，因為緊張而頻頻眨眼

「好像有可怕的東西靠過來了……」在這種情況下，我們鸚鵡會不自覺地眨眼睛，臉上盡是緊張的表情。特別是處於警戒狀態的時候，就會出現這種奇怪的舉動，但那是因為壓力導致頻頻眨眼。這種事被拿出來講，實在有點不好意思。不過，人類緊張的時候，眨眼的次數也會變多唷。這麼說來，鸚鵡和人類也蠻像的嘛……。

鳥奴小叮嚀 鸚鵡不只緊張的時候會眨眼，睡醒或想睡的時候、開心興奮的時候也會眨眼喔。被最愛的主人看著，鳥寶的心兒開始怦怦跳，請接受鸚鵡示愛的眨眼吧。

每天都好睏～

#行動 #經常在睡

如果睡太多，可能是健康出問題?!

到了春天，人類常說「春眠不覺曉」，其實鸚鵡也有愛睏的時候。「沒來由的想睡、好想睡……」快醒醒先別睡！如果你原本都很有精神，突然之間睡眠時間增加，說不定是身體有異狀。睡眠對鸚鵡這樣嬌小的生物來說是「增加且保留體力」的行為。假如睡不停，很有可能是為了隱匿身體的異常。

鳥奴小叮嚀 如果你家的鳥寶是七歲左右，最近很常睡覺，也許是進入了老年期。鸚鵡和人類一樣，上了年紀後，睡眠時間會變多，那就讓牠好好睡吧。

氣死我了！我要發洩壓力～!!

#行動　#翻倒飼料

唉呀呀，你看起來心情很差

打翻飼料盒，遷怒於其他東西。這位啾友，先冷靜一下。你這樣暴躁，主人看了會很擔心喔！無論是誰都會有心情煩躁的時候，可是也不該為了一點聲音發火，心情差大吵大鬧。如果偶爾發脾氣，主人還會原諒你。但與其打翻飼料盒，還是和主人一起玩，開心地發洩壓力吧。

鳥奴小叮嚀

鸚鵡偶爾會「發火」。假如給出太多回應，反而會讓牠們誤以為「只要這麼做，主人就會陪我！」。請盡量保持心平氣和，「唉呀，真拿你沒辦法」，若無其事地守在一旁。

衣服的咬感真不錯！

#行動　#咬衣服

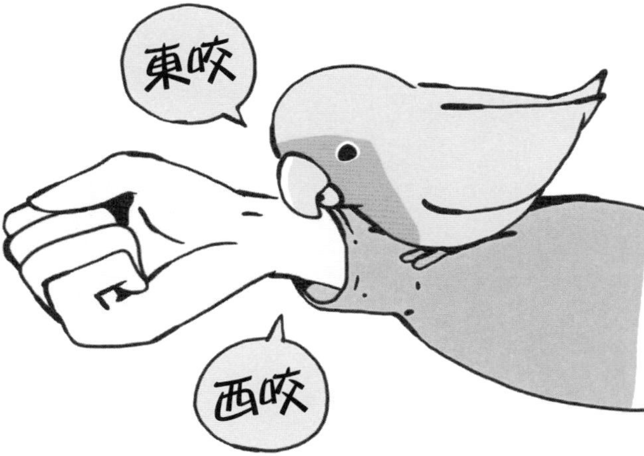

用主人的衣服磨磨嘴

鸚鵡的嘴巴很靈巧，喜歡「咬感」佳的東西，像這位啾友似乎覺得主人的衣服很好咬。咬斷纖維的感覺很棒。不過，不是所有鸚鵡都喜歡咬衣服，有些喜歡咬紙，有些喜歡咬木頭或壁紙。除了享受咬感，咬東西也能幫助牠們磨嘴（鳥喙），所以會忍不住一咬再咬。

鳥奴小叮嚀　如果有不想被咬的東西，請務必收好。只是咬一咬倒無所謂，怕的是把東西吞下肚，這時請趕快制止。東西卡在嗉囊（請參閱P157）的話可能會生病。鳥寶在玩的時候，還是得多留意。

嗯～便便嗯不出來～

#行動　#搖屁股

搖一搖屁股，稍微出力

通常鸚鵡在飛行前都會排便。這麼做是為了讓身體變輕，飛起來比較不費力。

由此可知鸚鵡排便很頻繁。所以，要是在排便前搖屁股，看起來有點吃力，可能就是便祕的徵兆。排便不順很不舒服。如果完全排不出來，可是很嚴重的事，請主人立刻帶你去醫院接受診察。

鳥奴小叮嚀　鸚鵡便祕的原因很多，主要是因為運動不足。放出鳥籠後，積極地陪牠們玩，增加運動量。試著製造機會，讓牠們多飛多走路。主人也跟著動一動，陪牠們一起減重。

Column

尿尿是怎麼一回事？

有時聽主人聊天時說「先去大號⋯⋯」，那是什麼意思啊？什麼！原來人類的排泄物分為「尿尿」和「糞便」2種。我們鸚鵡的身體構造沒那麼複雜，每次都是一起排出來。一般來說，尿液是白色的尿酸鹽，糞便是深綠色。不過，食物的顏色容易造成影響，要是吃了胡蘿蔔或紅色的綜合飼料，糞便也會變成類似的顏色喔！

假如糞便的顏色或氣味不同以往，千萬別輕忽！鸚鵡和人類一樣會排血便，消化功能無法順利運作時，吃的食物也會直接排出。糞便是確認身體健康的指標喔！

嗯了好~大的便便！

#行動　#排出較大的糞便

身體正在做產卵的準備

這堂是鸚鵡的健康教育課！鸚鵡的排便或產卵都是從「泄殖腔」而出，因此體內有卵形成時，身體也會開始做產卵的準備。為了讓蛋順利產出，泄殖腔的洞會慢慢地擴大，於是排出比平常大的糞便。你可能看到時會嚇一跳，這表示準備當媽媽了，不需要覺得不好意思喔！

鳥奴小叮嚀　鳥寶的第一次生產（初產卵），令人期待又緊張……。但在產卵前，主人能夠做的事其實不多。請別慌張，靜靜陪在一旁。對了，不需要像古人那樣燒熱水喔!!

好～想鑽進狹窄的地方

#行動　#鑽入狹窄的地方

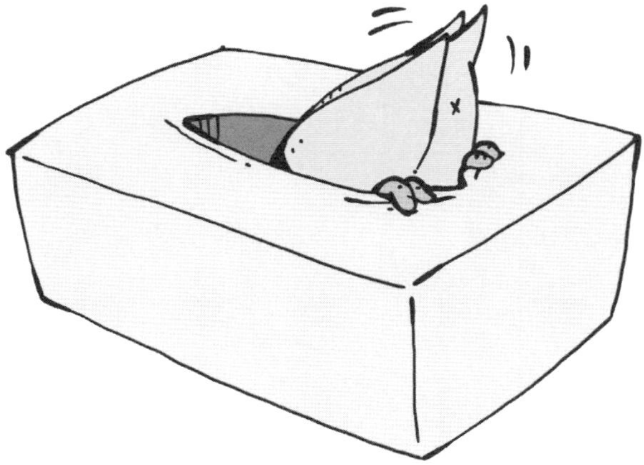

是鳥巢？好奇心被激發了

放出鳥籠的自由活動時間最棒了。有好多事可做真開心，好奇心大爆發!!

一發現狹窄的暗處，好想馬上鑽進去。膽子大的鸚鵡還會鑽進面紙空盒或空瓶。野生的鸚鵡經常在尋找躲避敵人的藏身之處，我們或許也保有那樣的習性，看到狹窄的暗處總想鑽進去瞧個仔細。不過，鑽進去時要當心，以免進得去出不來。

鳥奴小叮嚀 喜歡狹窄暗處的鳥寶很可愛，但如果一直靜靜待在裡面就得留意了，如果把那兒當成了「鳥巢」，可能會導致不必要的發情。偶爾讓牠們鑽進去玩一玩就好。

撞上了看不見的東西!!

#行動　#撞到窗戶

小心!!那是玻璃窗

我們鸚鵡的視力相當好（請參閱P138），但是看不到透明的玻璃窗。那種東西不存在於鸚鵡的世界，所以不知道也很正常。振翅飛向藍天，結果卻撞上玻璃窗，摔落地面……，發生了如此悲慘的意外。而且，鸚鵡有朝光源處飛的習性。見到玻璃窗外的陽光就會朝那個方向飛，這點就算想改也改不了。

鳥奴小叮嚀　將鳥寶放出鳥籠時，為了不讓牠們看到窗外的景色，請記得先拉上窗簾。或是在玻璃窗上貼霧面玻璃貼紙。總之，別讓牠沒注意到玻璃窗。另外，記得關上窗戶預防走失。

這是我的小窩?!好興奮……

#行動 #鑽進面紙盒

母鸚鵡誤以為那是鳥巢

各位啾友，請試著回想你小時候。想起了什麼嗎？媽媽的溫柔呵護，還有那個溫暖的小窩……。通常鸚鵡會在「鳥巢」產卵，養育幼鳥。我們體內至今仍保有那樣的本能。像是鑽進面紙空盒時，會覺得「這是鳥巢?!」進而發情。公鸚鵡也可能會有這種反應。這或許是一種思鄉之情。

鳥奴小叮嚀

有時母鸚鵡接觸到可當作鳥巢的東西，會導致不必要的發情。壺型巢也不OK。另外，鳥帳篷也會被誤當成鳥巢，容易導致發情，請確認鳥寶有無異狀再讓牠們使用。

生蛋生不停～

#行動　#產卵

生太多蛋要注意!!

鸚鵡就算只有一隻也會產卵，因為身體構造就是如此。沒有交配行為產下的卵稱為「未受精卵」，經交配行為產下的卵稱為「受精卵」。一旦母鸚鵡將飼主、玩具，甚至是自己在鏡中的倒影當成伴侶，就會進入發情模式！愛意逐漸加深，然後生下蛋。據說這樣的產卵方式，一年一～兩次最理想。

鳥奴小叮嚀

常聽到有人說，原以為自己養的是公鸚鵡，直到某天看到牠生蛋才知道是母鸚鵡……。所以有些鳥寶的名字會變得很中性，好比名叫「太郎」的母鸚鵡。普通的發情、產卵（請參閱P49）代表鸚鵡身體健康，不過要是生太多蛋就要留意囉！

Column

如果鸚鵡生蛋了怎麼辦?!

唉呀呀，這位啾友（虎皮鸚鵡）太愛主人了，頻頻發情、生蛋。主人看到那些蛋很驚訝，只好收起來。發現蛋不見了的他又繼續生……。發情與產卵的惡性循環，會對鸚鵡的身體造成很大的負擔。

主人看到突然出現的蛋似乎嚇到了。鸚鵡的正常繁殖週期（請參閱P49）也包含「抱卵期」。如果沒有抱卵（孵蛋），繁殖週期就無法照常結束。有些鸚鵡會吃掉或弄破自己生的蛋。這時候，可以讓他抱「假蛋」，請主人幫忙準備喔。

是誰在鏡子裡啊♪

#行動　#照鏡子

鏡中倒影就是你自己

啾友們有在亮晶晶的「鏡子」前遇見神祕鸚鵡嗎？他住在和你家很像的地方，但你不知道他的名字……。聽說有位啾友迷上了鏡中的神祕鸚鵡，從早到晚不斷「反芻」，還抹在鏡子上示愛。其實，鏡子是人類用來照「自己」的東西。也就是說，鏡子裡的倒影就是你自己！所以，你愛上的是你自己啦～。

鳥奴小叮嚀

「我家的鳥寶超級自戀」，請不要取笑牠。牠是把鏡中的自己當成別隻鸚鵡，真心真意地付出自己的愛。不過，有些鳥寶或許已經知道鏡子裡的是自己，邊照鏡子邊想著「我好帥」……。

挖地板真好玩～

#行動 #挖地板

興奮得玩起來♪

灰鸚鵡老師我也很喜歡挖地板！說不定底下藏著寶藏，來挖挖看吧。假如真的挖到了，以後就能天天吃大餐多棒啊！不過，很可惜，什麼都沒挖到。挖地板的行為其實只是一種遊戲，是鸚鵡著迷興奮的狀態，像灰鸚鵡就經常這樣玩。雖然只是遊戲，但有能夠樂在其中的事，對鸚鵡來說很幸福。

鳥奴小叮嚀 家中的鳥寶老是在挖同一個地方？牆壁或地板傷痕累累，不知道該怎麼辦才好。既然決定養鸚鵡，就要做好心理準備，接受這種情況。市面上有賣木紋地板貼，請試著DIY修補看看吧！

咬紙條，築愛巢

#行動　#把紙咬成細條

桃面愛情鸚鵡特有的築巢方式

桃面愛情鸚鵡又在把紙咬成細條了。這是其他鸚鵡不會，只有他們才會做的舉動。原本是母鸚鵡才有的「築巢」行為，但有些公鸚鵡也會那麼做。部分桃面愛情鸚鵡會把紙咬成細條後，插在尾羽帶回築巢的地方。把紙咬成直條狀，只能說他們真的很厲害，怎麼有辦法咬得那麼細，而且還大小均一……。本能果然很驚人。

鳥奴小叮嚀　鸚鵡會用堅硬的鳥喙從很厚的紙或書上咬取紙片。若是重要物品，請務必收好。另外，築巢也是產卵的準備。如果是母鸚鵡，而且處於持續產卵的「過度發情」狀態，請想辦法別讓牠們發情。

窩在主人手裡好～放鬆

#行動 #仰躺掌心

露出肚子，全身交給主人

這位啾友居然仰躺在主人的手心上?!如果露出了重要的肚子卻不覺得不舒服，那就表示你很信任你的主人。但不是所有的鸚鵡都會「仰躺掌心」，通常只有綠頰錐尾鸚鵡、桃面愛情鸚鵡、橫斑鸚鵡做得到喔。而且也有個別差異，做不做得到完全取決於鸚鵡本身，像是野生的太陽鸚鵡是睡在樹洞裡，有時也會仰躺著睡。

鳥奴小叮嚀

雖然仰躺掌心是信賴主人的行為，但這是建立在個別差異或彼此的契合度，做不到並不表示牠不愛你。如果想讓鳥寶躺在手中，趁牠們放鬆的時候，或是想被摸的時候試試看。

好興奮！

#行動　#冠羽豎起

興奮的時候，冠羽會豎得直挺挺

粉紅鳳頭鸚鵡或玄鳳鸚鵡等鳳頭鸚鵡科的鸚鵡，其冠羽是表達感情的指標。請看看這位啾友（粉紅鳳頭鸚鵡），他的冠羽豎起來了對吧，這表示他覺得驚訝、興奮且充滿興趣，心想「哇啊！這是什麼？」。如果還發出「嗶」的叫聲，那就表示他找到很感興趣的東西。此外，冠羽直立也是感到憤怒震驚的「等等！搞什麼啦！」的表現。

鳥奴小叮嚀　有冠羽的鳳頭鸚鵡科的鸚鵡，因為冠羽會隨著情緒移動，所以主人也很容易察覺牠們的心情變化。但不能只看冠羽，也要仔細觀察鳥寶的動作或行動，接收牠們傳達的訊息。

Column

感情指標的「冠羽」

若是鳳頭鸚鵡科的鸚鵡，只要觀察特有的冠羽，就能知道他們的感受。除了右頁介紹的情況，還有以下幾種狀態。

冠羽完全平放

放鬆自在，此時只想平靜度過，請別打擾他們♪

冠羽略微平放

恐懼不安，附近可能有讓他們害怕的東西。

冠羽上下移動

雖然沒有很激動，但好奇心被挑起，既期待又怕受傷害的猶豫心情。

從冠羽很容易了解鸚鵡的心情對吧？要是每隻鸚鵡都有，彼此就能知道對方在想什麼了。主人看到我的冠羽稍微平放，知道我很不安，所以會說「沒關係，別怕別怕」溫柔安撫我。

天啊～好可怕！

#行動　#玄鳳鸚鵡恐慌症

膽小的玄鳳鸚鵡很容易陷入恐慌

這位啾友，請冷靜下來！在眾多鸚鵡之中，就屬玄鳳鸚鵡最膽小。他們會被沒聽過的聲音嚇到，或是做惡夢變得驚慌，邊叫邊在鳥籠裡飛來飛去。幸好這位啾友沒受傷，但有些鸚鵡會因為臉或翅膀撞到鳥籠而受傷。你問說其他品種的鸚鵡也會陷入恐慌嗎？那可能是身上有塵蟎，所以感到不舒服。

鳥奴小叮嚀　「玄鳳鸚鵡恐慌症」常發生在晚上，不小心可能就會受傷。恐慌症發作時，只要溫柔地對牠說「沒事的」，就會慢慢變冷靜。如果慌慌張張衝過去，那個聲音反而會讓鳥寶更加恐慌，這點請留意。

我很會說話喔！

#行動　#愛聊天　#不聊天

公的虎皮鸚鵡是聊天高手

有擅長聊天的鸚鵡，也有沉默寡言的鸚鵡。說到聊天高手，莫過於公的虎皮鸚鵡了，無論短句或長句都難不倒！他們會仔細聽主人說話，反覆地練習。不過，擅長聊天的虎皮鸚鵡也有「不想說話」的時候，請別以為他不會說話而笑他。對了，灰鸚鵡老師也很愛聊天喔！

鳥奴小叮嚀　「好想和鳥寶聊天！」，有些主人會興致勃勃地這麼想。但鳥寶要不要說話，和牠們的個性有很大的關係。強迫鸚鵡聊天是很自私的行為。

啾星人劇場

面紙盒

啊！
這是什麼！
我來鑽進去瞧瞧！
哇~！
這是什麼！
也太舒服了吧！
為了住起來更方便
來改造一下好了！
悄悄動工
面紙盒放到哪裡去了？
啊！找到了♪
訪客請按門鈴~！

咚咚樂團

真開心！
咚咚
咚咚
今天超~開心！
咚咚
咚咚
我們乾脆來組一個樂團好了！
好主意一♪
咚咚
咚咚
咚咚
咚咚
咚咚
咚咚

第5章

身體的祕密

「我為什麼會飛？」、「我為什麼沒有鼻子？」，

一起來探索鸚鵡身體的祕密吧！

鸚鵡的眼睛很好？

#身體　#視力　#視野

視力是人類的三～四倍，擁有三百度的視野

啾友們，一起來照照鏡子吧。鸚鵡的眼睛以嘴巴為界線，位於頭部的側面。

和是哺乳動物的主人比較看看，是不是差很多？鸚鵡的視野，單眼就有一八〇度，雙眼更廣達三三〇度喔。在野外為了存活，避免外敵的襲擊比什麼都重要。鸚鵡因為要隨時警戒周圍，的視力與視野才會如此發達。

鳥奴小叮嚀

視力極佳的鸚鵡能夠發現人類看不到的小蟲或塵屑。要是看到牠們一直盯著某處瞧，應該就是看到了什麼，但並不是看到鬼，各位請放心。

看得到許多顏色?!

#身體　#分辨顏色

就連紫外線也看得到，生活的世界繽紛多彩！

各位啾友，你們知道嗎？鸚鵡除了色覺，就連紫外線的顏色也能分辨，不過人類看不到紫外線的顏色喔。據說所有動物之中，視覺最發達的就是鳥類。很難想像看不到紫外線的世界會是怎樣，應該很無趣吧。即便如此，鸚鵡和人類透過色覺看到相同的景色，所以能和睦相處。

鳥奴小叮嚀 因為看得見各種顏色，鸚鵡對顏色的「喜好」也各不相同。雖然不清楚理由為何，大部分的鸚鵡會怕黑且大的東西。生活在一起的你，知道家中鳥寶喜歡什麼顏色嗎……？

超萌！逆向眨眼★

#身體　#眼皮

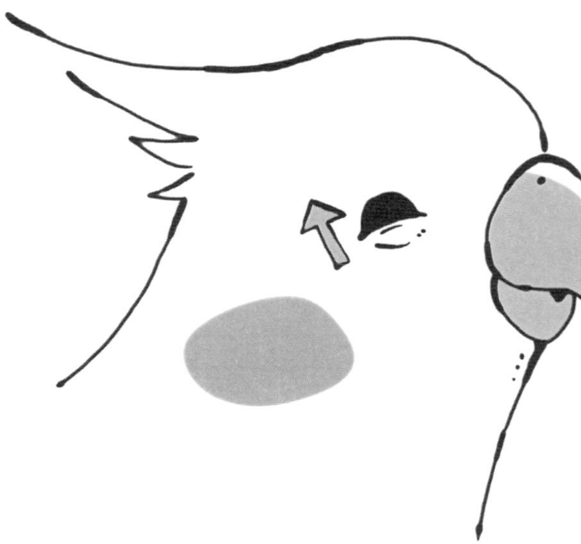

請留意第三眼瞼「瞬膜」

觀察一下主人閉眼的樣子，他的眼皮是由上往下移動對吧？不過，鸚鵡卻是由下往上蓋住眼皮喔。正確來說，我們應該是移動名為「瞬膜」的半透明膜。眼球在被瞬膜覆蓋的狀態下還是看得見。瞬膜的作用是為了保護重要的雙眼。大概只有人類沒有瞬膜，防護力那麼低真的沒問題嗎？

鳥奴小叮嚀　其實鸚鵡很常讓主人看到牠們的瞬膜。被主人搔抓的時候，覺得很舒服就會閉上眼，那時候就會看到瞬膜。被主人搔抓對鸚鵡來說，好比人類泡澡時，忍不住說出「呼～真爽」的感覺。

Column

獨家?!
其實鸚鵡的眼睛很大

常聽到有人說，鸚鵡的眼睛「圓滾滾」很可愛。等等！雖然看起來圓滾滾，我們的眼球其實很～大喔！聽說人類的女性會用各種方法讓眼睛看起來變大，但低調的鸚鵡會悄悄地隱藏我們的大眼睛♪　請看看下圖，鸚鵡的眼球其實這麼大唷。不要以為我們的眼睛很小！

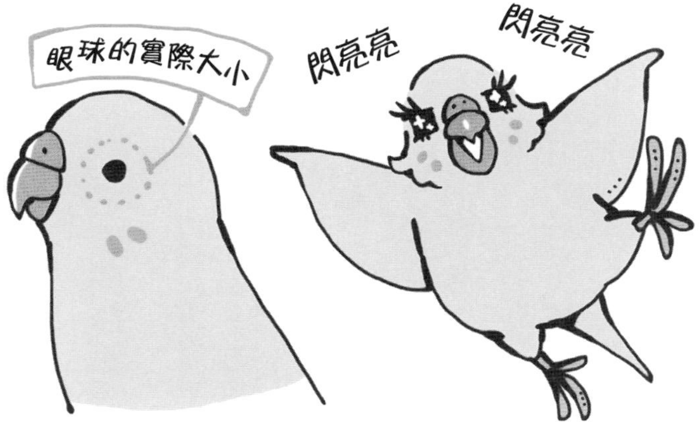

鸚鵡不只「視力好」，出色的視力為大腦收集到非常多資訊。而且，大腦優秀的性能也可以處理龐大的資訊。以後別再用「鸚鵡學舌」這種話罵人囉！

鸚鵡沒有鼻子?!

#身體　#沒鼻子

其實在羽毛裡啦!

桃面愛情鸚鵡看著虎皮鸚鵡，注意到自己沒有鼻子。牠發現虎皮鸚鵡有大大的蠟膜（鼻孔），自己卻沒有，似乎因此覺得沮喪。這是鸚鵡界常有的事，因為虎皮鸚鵡的嘴上有顯而易見的鼻孔。相較之下，桃面愛情鸚鵡乍看之下沒鼻子，其實只是藏在羽毛裡。所以他們也是有鼻孔，請放心!

鳥奴小叮嚀 如前文所述，鸚鵡的鼻子分為兩種。虎皮鸚鵡或玄鳳鸚鵡等棲息在乾燥地帶的鸚鵡，通常鼻子是露在外面。桃面愛情鸚鵡或牡丹鸚鵡等棲息在多雨地帶的鸚鵡，鼻子多是藏在羽毛裡。

這是什麼味道？

#身體 #氣味

鸚鵡對氣味有點遲鈍

鸚鵡常被認為很貪吃，這麼說是也沒錯。但，我們才不會像人類一樣說什麼「只聞到味道就流口水了！」那種蠢話。因為我們對氣味並不敏銳。哺乳類找尋獵物時會聞氣味，不過，鸚鵡是在天色明亮的白天活動，主要是靠眼睛收集許多情報，不需要靠氣味尋找獵物。

鳥奴小叮嚀 就算對氣味遲鈍，但主人不洗澡、不刷牙也不行！畢竟臭味多少還是聞得到……。無論人類或鸚鵡，保持清潔是基本禮節，身上發出異味前，請設法消除異味。

好、好難受……

#身體 #菸很危險 #精油很危險

揮發性物質大NG！

因為嗅覺不敏銳，經常被誤會，其實吸入二手菸或揮發物可能會要了鸚鵡的命。主人不太注意的廚房油煙或香菸的煙，對鸚鵡來說是危險之物。精油或指甲油等揮發性物質也是大忌。我們鸚鵡無法選擇呼吸的空氣，去拜託主人多加留意吧。

鳥奴小叮嚀

鸚鵡由於體內分解不了揮發性物質，於是可能引發中毒症狀，且因症狀持續惡化，最後喪命的例子不在少數。再次提醒各位主人，平時請多留意。

鸚鵡是有耳朵的喔～

#身體　#沒耳朵

鸚鵡的耳朵在臉頰內

因為不像其他動物有顯而易見的耳朵，常被問說「沒有耳朵嗎？」。其實我們耳朵的洞（耳孔）就在嘴巴後方啦！鸚鵡是很注重用「聲音」溝通的生物，為了聽清楚聲音，聽力自然相當發達。「這聲音是從哪兒傳來的？」，我們急忙尋找聲音的來源時，整個頭會像雷達一樣動來動去，調整成容易聽到的角度。

鳥奴小叮嚀 雖然鸚鵡的聽力很好，但聽不太清楚低音，所以和鳥寶說話時請盡量拉高聲音。好比口哨聲，牠們就很容易聽到。說不定還會誤以為「咦？主人也是鸚鵡嗎」。

瞧瞧這胸肌多結實！

#身體　#肌肉

鸚鵡其實是猛男

鸚鵡全身毛茸茸，加上一雙細腳，給人纖細柔弱的感覺。其實，我們的胸肌相當結實精壯喔！為了揮動大大的翅膀飛翔，必須有強壯的肌肉，要是沒胸肌就飛不起來了。不少沒運動的鸚鵡，胸肌軟趴趴，光是揮動翅膀就覺得很吃力。身為鸚鵡就是要會飛!!啾友們請好好維持身材。

鳥奴小叮嚀 聽到「胸肉」，或許有些人會想到超市賣的雞「胸肉」，那就是胸肌。結實偏紅的大塊胸肉附著在「龍骨突」上。如果有興趣，不妨請教醫生看看。

鸚鵡的骨頭真的很輕嗎……？

#身體　#骨骼

真的很輕，但是結構很紮實喔！

「飛行」是很厲害的事對吧？我們的身體不像飛機有引擎，為了揮動大大的翅膀，讓身體飛上天際，靠的是身體構造。其中一項手段就是讓身體變輕，就連骨頭也是如此……！鸚鵡的骨質輕，那是含有空氣的「氣骨」，在X光片上面看，真的很多空隙……或許骨質密度比人類低，但我們生來就是那樣的構造。

鳥奴小叮嚀 據說鸚鵡的骨頭重量僅有體重的五%。儘管有空洞，骨頭內仍有數條類似肌束的桁架結構，就像架起的橋，以維持骨骼的強度。咦，難不成人類是學鸚鵡的嗎？

鸚鵡會貯藏空氣

#身體　#空氣的貯藏庫

特別的呼吸器官「氣囊」

雖然有些鸚鵡生活在室內，但在野外時，也能像野鳥一樣飛得很高。尤其是來自澳洲的玄鳳鸚鵡或虎皮鸚鵡，飛行速度快，長時間的飛行也沒問題。不過，要在氧氣稀薄的高空持續飛行，也是很不容易。飛行時保持呼吸平穩的祕訣在於特殊的身體構造。鸚鵡體內有隨時能夠吸入新鮮空氣的「氣囊」，那就像空氣的貯藏庫喔！

鳥奴小叮嚀　讀到這兒，各位應該多少理解，鸚鵡為了飛行，身體經過多麼特別的演化。因此，每天請花點時間，把牠們從鳥籠裡放出來活動唷，讓鳥寶多多活動天生適合飛行的身體。

喜歡走路

#身體 #走路

原本在樹上生活的習性使然

飛行是鸚鵡的基本行為。不過，移動距離不長的話，我們喜歡在地上慢慢走。就算是鳥，一直飛也是會累的。尤其是中型以上的鸚鵡，腳非常靈活。因為體型較大，走路的話比飛行輕鬆，所以身體越大腳也會跟著變大，適合步行。原本生活在樹上的鸚鵡，似乎仍保有在樹枝間走動的習性。

鳥奴小叮嚀 比起在天上飛，有些鸚鵡更喜歡在地上走。像是跟在主人身後追著跑（請參閱P50），或是在地上跳啊跳，吸引主人的注意（請參閱P69）。

用腳吃飯很失禮？

#身體　#用腳抓食物

這是鸚鵡的正確用餐禮儀！

用腳俐落地夾起最愛的食物，舉到嘴邊大口吃。這是鸚鵡的正確用餐方式之一。鸚鵡的腳被稱為對趾足，前側兩根、後側兩根，總計四根腳趾。麻雀等鳥類的腳是三前趾足，前側三根、後側一根，比起抓東西，他們更適合步行或游泳。雖然都是鳥類，身體的構造還是有差異。

鳥奴小叮嚀　腳趾靈活的鸚鵡，站在棲木上時，可以舉起一隻腳做其他事。假如看到鸚鵡舉起一隻腳晃啊晃，那是我～想玩的意思，請陪牠們玩一下喔！

鸚鵡的嘴巴也很靈活

#身體 #鳥喙

嘴巴是第三隻腳？

雖然依品種而異，鸚鵡的臉通常有將近一半是大大的鳥喙。特別是桃面愛情鸚鵡或牡丹鸚鵡，身體小卻有著相當大的鳥喙。舉凡細微的動作，像是吃飯時俐落剝掉種子的皮，或是咬碎硬物，任何事都難不倒。細膩的理毛也少不了它。有時還能當作打架的武器，破壞力之強甚至會讓其他鸚鵡受傷送醫。鸚鵡的嘴巴真的很驚人啊。

鳥奴小叮嚀

把遙控器咬壞，嘴巴靈活的鳥寶是不是令你傷透腦筋？要是覺得困擾，請給牠們咬壞也沒關係的玩具，這麼一來，牠們也能獲得用嘴巴破壞東西的樂趣，可說是一石二鳥♪

鸚鵡也有喜歡的食物♪

#身體 #食物的喜好

鸚鵡有味覺喔

鸚鵡對食物也有喜好。我們和人類一樣，嘴裡有判別味道的「味蕾」，透過這種感覺器官，感受酸、甜、苦、鹹、鮮五種味覺。「味蕾」數量的多寡會影響動物判斷吃到的東西是不是「美食」。鳥類當中味蕾最多的就是鸚鵡喔！據說是雞的二十倍、鴨的二倍。喜好分明正是因為我們有豐富敏銳的味覺啊。

鳥奴小叮嚀 雖然這麼做會讓愛吃點心的鳥寶很難受，不過請別太寵牠們。「沒辦法，我家的鳥寶很愛吃」，過度溺愛的主人總是禁不起鳥寶的請求，餵食太多點心，結果害牠們變胖！

鸚鵡愛吃辣?!

#身體 #喜歡吃辣

不是喜歡吃辣，是對辣味遲鈍

國外有「添加辣椒」的鸚鵡飼料，各位啾友知道這件事嗎？灰鸚鵡老師以前吃過別人送的德國伴手禮，味道和平常吃的飼料不一樣，感覺很新奇特別。辣味不是靠「味蕾」感受的感覺，而是一種「痛覺」。所以，正確的說法應該是鸚鵡「能夠吃很多辣椒並非愛吃辣」，只是「感覺不到辣味」。

鳥奴小叮嚀 鸚鵡舌頭的痛覺遲鈍，不太會覺得辣。不過，這並不表示牠們愛吃辣。請別以為「反正牠們不怕辣嘛～」，在飼料裡撒辣椒粉。

正常體溫四十度！

#身體　#正常體溫

總是很熱血，所以體溫很高！

到了冬天，有時主人會把我們放在掌心，一臉滿足地說「好～溫暖」。那是因為鸚鵡的正常體溫比人類高四度左右。鸚鵡的身體為了製造飛行的能量，經常在燃燒熱量，維持較高的體溫。所以，你身體是處於「我隨時都能飛喔！」的熱身狀態。感覺好像專業運動員一樣，很酷對吧？

鳥奴小叮嚀　鸚鵡從食物中獲取維持體溫的能量，因此身體狀況變差時，食欲下降就很難維持體溫。體溫下降是體況不佳的重要警訊，若出現膨羽（請參閱P98）的情況，請特別留意！

吃飯都用吞的！

#身體　#沒牙齒

鸚鵡沒有牙齒

灰鸚鵡老師也是最近才知道，人類或其他生物的嘴裡有「牙齒」這種東西……。而且，據說他們要是沒有牙齒就無法進食，這有點嚇到我。

鸚鵡生來就沒「牙齒」。我們吃東西都是直接吞，所以不需要牙齒。硬硬的鳥喙好比下巴，而吞下肚的食物會在胃裡被磨碎消化。

鳥奴小叮嚀 請仔細觀察鳥寶吃東西的樣子。發現了嗎？牠們不像人類有「嚼嚥」的動作。是的，鸚鵡不會「咀嚼」，所以牠們吃東西很專心，不會邊吃邊睡，或是邊吃邊講話。

鸚鵡有兩個胃?!

#身體　#兩個胃

利用兩個胃仔細消化

如前文所述（請參閱P155），鸚鵡吃東西不會咀嚼，食物到了胃裡才會被慢慢地、仔細地消化。所以啊，鸚鵡有兩個胃喔！第一個是「前胃（腺胃）」，分泌胃液，分解食物，送往胃部。第二個是「後胃（肌胃）」，又稱砂囊，人類當作下酒菜的雞胗就是這個部位，因為是強韌的肌肉組織，據說吃起來爽脆有嚼勁……總之，後胃能夠分解飼料種子較硬的部分。

鳥奴小叮嚀

鸚鵡是很深奧的生物。像是不吃種子，以水果或花蜜為主食的鸚鵡，後胃就不太發達。主人們請記住，鸚鵡的身體構造與主食是有直接相關的。

Column

食物的消化途徑

其他生物會用牙齒咬碎食物，但鸚鵡做不到。所以，就算是硬硬的種子也是直接吞下肚，先囤積在「嗉囊」，讓食物軟化。然後，在前胃與後胃進行充分的消化。接著藉由胰臟的胰液和肝臟的膽汁在小腸再次消化，吸收養分。最後透過大腸留下可用的養分後，將糞便從泄殖腔排出體外！這麼看來，鸚鵡比人類更有效率。

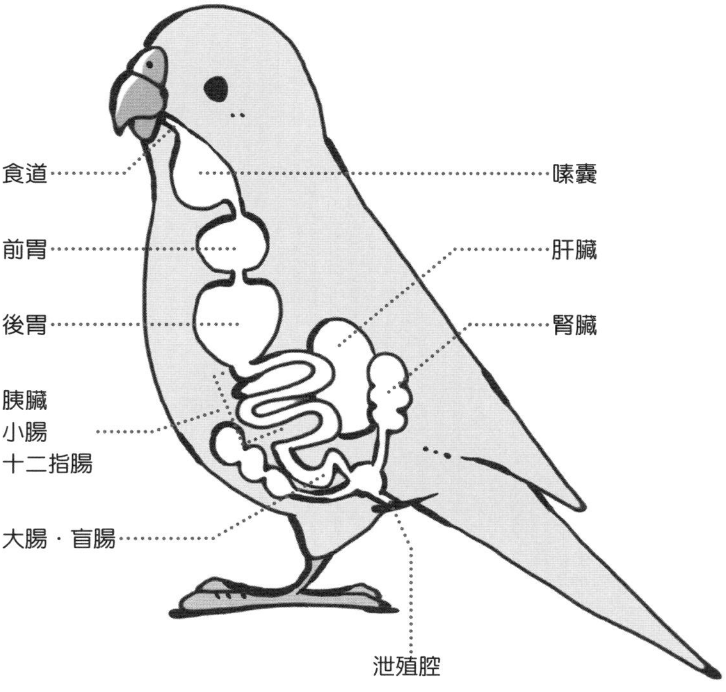

身體分泌脂肪?!

#身體　#尾脂腺

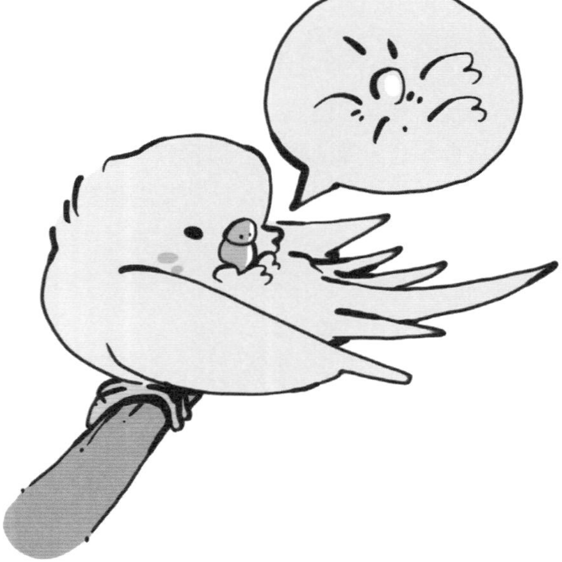

別慌張！那是重要的防水機能！

啾友們，請轉過身，看一下你的屁股，應該會在尾羽根部看見分泌油脂的「尾脂腺」。理毛時，可以用嘴巴沾塗油脂，讓油脂遍佈全身。通常生活在水邊的鸚鵡，尾脂腺很發達，住在乾燥地帶的玄鳳鸚鵡則比較不發達，大型的藍頂亞馬遜鸚鵡根本沒有。若用熱水洗澡，油脂會融化，很容易感冒，請務必留意！

鳥奴小叮嚀　你想看尾脂腺？那是很敏感的部位，還沒和鳥寶混熟的話，大概沒辦法。「我真的很想看！」，如果你像鸚鵡一樣好奇心旺盛，不妨趁牠們洗完澡後，幫忙擦身體的時候，仔～細觀察看看！

鸚鵡會掉羽屑？

#身體　#像頭皮屑的東西

那是「脂粉」啦～

某天，玄鳳鸚鵡對虎皮鸚鵡說「你每次理毛都會掉屑屑欸」，虎皮鸚鵡一聽大受打擊。據說鸚鵡當中，特別是白色的鳳頭鸚鵡，身上很多脂粉。大型的葵花鳳頭鸚鵡或巴丹鸚鵡，身上的脂粉也頗多喔！這些看起來像頭皮屑的「脂粉」，仍有許多尚待解明的部分。不過，那是身體健康的象徵，請別擔心。而且，脂粉還能防水。

鳥奴小叮嚀 假如家中的鳥寶容易掉脂粉，請好好打掃乾淨！別小看脂粉的量，時間久了也是會積沙成塔。不過，有些人是「脂粉迷」，特愛那股獨特的香氣。

叫得很大聲！

#身體　#聲音的大小

鸚鵡叫是為了溝通喔！

習慣群居的鸚鵡，很重視與左鄰右舍的互動。因為是靠聲音溝通，有時為了傳達事情會叫得很大聲。就連身體嬌小的桃面愛情鸚鵡，一旦興奮起來也會發出驚人的叫聲。當然，他們也不想給主人造成困擾，偏偏就是控制不了音量。不過有時候也會發出優美的鳴唱聲喔！

鳥奴小叮嚀　有些大型鸚鵡會發出刺耳的叫聲，宛如公雞的「啼叫」，像是大隻的白色鳳頭鸚鵡，叫聲真的很嚇人！不過，責罵或制止前，請好好想想牠們為何要叫。

Column

這些情況要大聲叫！

鸚鵡在某些情況下不得不大聲叫，希望主人們能事先理解。

我好寂寞

鸚鵡討厭孤零零。只要覺得被排擠就會大聲叫，強調自己的存在感。

我要吃！

如果是愛吃又有點任性的鸚鵡，到了吃飯時間卻沒準時開飯就會大叫吵鬧。

激動!!

一直被關在鳥籠、主人都不陪玩，這樣的情況持續太久，也會在鳥籠裡大鬧!!

搞什麼?!

窗外有烏鴉或貓……！天啊～！所以發出害怕的啼叫聲。因為膽小忍不住放聲大叫。

鸚鵡不會無緣無故亂叫，請用心查明原因喔！有時令人困擾的「呼叫」，是因為想要主人陪伴而大聲叫（請參閱P40）。不過，有時鸚鵡可能會變得任性，所以即使「呼叫」的聲音聽來可憐，還是要視情況忽略比較好。

最寶貝的羽毛會掉光光?!

#身體　#掉羽毛

換季時節 也是換羽時期

這位鸚鵡小哥淚眼汪汪地說，「我、我很引以為傲的羽毛，最近掉了……」。放心啦！基本上，我們鸚鵡的身體一年換一次羽，會在春天或秋天的換季時節，而且就算掉毛還會長出新羽毛，所以別擔心。如果家中幾乎天天開空調，季節的變化不太明顯，就會一整年慢慢地掉毛、換毛。

鳥奴小叮嚀 換羽會因為氣候、品種、環境等情況有所不同。換羽時由於身體代謝增加，所以要特別注意營養均衡（請參閱P101），才會長出美麗的羽毛喔！這時讓鳥寶多曬太陽、勤洗澡牠會很開心的。

換羽的各種羽毛

鸚鵡身上的「羽毛」不只一兩種，形狀相當多樣。有些很愛鸚鵡的主人會趁換羽時期，收集掉落的羽毛。尾羽等較長的羽毛，接上筆頭就能做成羽毛筆囉！

絨　毛

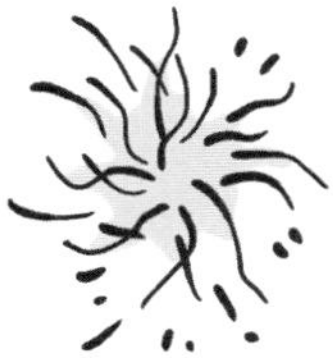

絨羽
長在最靠近皮膚處的保暖用羽毛。

半絨羽
大腿部分的絨羽，柔細輕盈。

正　羽

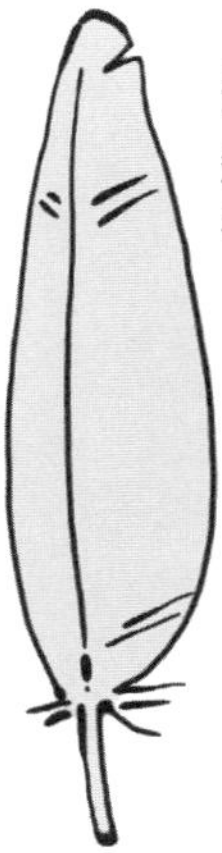

飛羽
飛行用的長羽毛，真美麗！

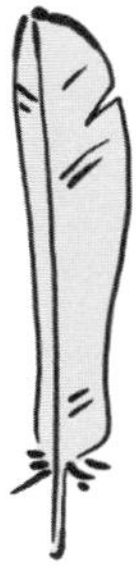

尾羽
能改變飛行方向的羽毛。

理毛對鸚鵡來說是加深感情、增進親睦感的溝通方式。所以，要是主人幫忙理毛，他們會非常開心，不過請別硬拔他們的毛。有時鸚鵡身上會有換羽時期未掉的羽毛。假如看到了，請幫他們輕輕地拔掉。

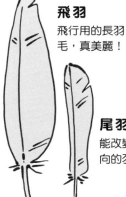

幹勁

喂！你怎麼都不好好練習！有夠沒幹勁！
練習太累了～說什麼幹勁有夠俗～
你，你說什麼……！你摸摸自己的胸口好好感受一下心中的熱情！
用力拍胸
拜託……怎麼可能會感覺到熱情……
驚
好燙……！好燙喔！教練！
沒錯！就是那麼燙，那就是鸚鵡的熱情！
快跟上～
是～
其實只是體溫比較高而已啦

小偷

這兒就是遭竊的現場啊！
長官你快看！是脂粉！
好！繼續追查！
這裡有犯人留下的羽毛！
這顏色……很像是玄鳳鸚鵡的羽毛
被我逮到了！竟然躲在鳥籠裡！你這狡猾的傢伙！
糟糕!!
來不及落跑!!
乖乖跟我們走吧！

第6章

鸚鵡冷知識

本章將介紹關於鸚鵡的冷知識，以及實用的小情報。

鸚鵡的祖先真的是恐龍嗎？

#冷知識 #祖先

沒錯！追本溯源就是恐龍

各位啾友應該很難相信，外表可愛的我們，祖先竟是體型龐大壯觀的恐龍。不過，根據各項研究指出，包含鸚鵡在內的鳥類，都與恐龍有著許多共通點。例如兩腳步行、翅膀、嘴（喙）、骨骼構造以及孵蛋方式，近來更挖掘出身上有羽毛的恐龍化石。說不定鸚鵡的座右銘「為愛而生」也是傳承自恐龍的喔。

鳥奴小叮嚀 恐龍的誕生是兩億年前左右的事，可見鸚鵡比人類更早用雙腳走路呢！順帶一提，「鳥類是恐龍的後代」這個說法源自一八六〇年代，沒想到那麼久以前，人們已經知道這件事。

灰鸚鵡老師也是鸚鵡嗎？

#冷知識 #鸚鵡的種類

灰鸚鵡也是鸚鵡。鸚鵡的同伴約有三百六十種！

現在才想到要問我啊（笑）。的確，灰鸚鵡和虎皮鸚鵡的大小、外貌和顏色都不一樣。不過，我和各位啾友一樣都是鸚鵡。這是因為，鸚鵡在動物分類學上屬於「鸚形目」，同目的鸚鵡約三百六十種。當中又分為三組，有冠羽與彎曲鳥喙的「鳳頭鸚鵡科」、舌上有刷狀毛，以花蜜或水果為主食的「吸蜜鸚鵡科」，以及「鸚鵡科」。

鳥奴小叮嚀 由於目前學者對鸚鵡的分類抱持不同意見，本書介紹的三種並非絕對。品種不同，性格或天性也會不同，和鳥寶一起生活，請好好理解牠們的品種。

Column

寵物鸚鵡大集合！

以下介紹幾種經常被飼養在人類家中的鸚鵡。

虎皮鸚鵡

很親近人，擅交際。
公鸚鵡很會說話。

棲息地 澳洲南部
體長 約20cm
體重 約35g
壽命 8～12年

桃面愛情鸚鵡

好奇心旺盛。
深情也會吃醋。

棲息地 非洲西南部
體長 約15cm
體重 約50g
壽命 10～13年

牡丹鸚鵡

熱情，比桃面愛情鸚鵡稍微內向。

棲息地 非洲南部
體長 約14cm
體重 約40g
壽命 10～13年

玄鳳鸚鵡

個性溫和單純，
非常膽小

棲息地 澳洲
體長 約30cm
體重 約90g
壽命 13～18年

綠頰錐尾鸚鵡

活潑愛說話，
有時會展現淘氣的一面。

棲息地 南美
體長 約25cm
體重 約65g
壽命 13～18年

凱克鸚鵡

很好動，
喜歡玩耍或惡作劇。

棲息地 巴西
體長 約23cm
體重 約165g
壽命 約25年

粉紅鳳頭鸚鵡

很喜歡和人類相處，
也很愛玩。

棲息地 澳洲
體長 約35cm
體重 約345g
壽命 約40年

太平洋鸚鵡

個性頑皮，
身體小歸小，
咬力強勁。

棲息地 南美
體長 約13cm
體重 約33g
壽命 10～13年

灰鸚鵡

是鳥類中最聰明的，
敏感且謹慎。

棲息地 非洲
體重 約33cm
體長 約400g
壽命 約50年

野生鸚鵡住在哪裡？

#冷知識 #出生地

野生鸚鵡生活在氣候溫暖的地區

鸚鵡原本居住在熱帶地區。灰鸚鵡、牡丹鸚鵡和桃面愛情鸚鵡是非洲，虎皮鸚鵡和玄鳳鸚鵡、粉紅鳳頭鸚鵡是澳洲，橫斑鸚鵡和太平洋鸚鵡來自南美。因此，到了冬天，如果家裡不夠暖和，耐熱卻怕冷的鸚鵡會因為寒冷而身體狀況變差。啾友們的主人有沒有幫忙做好禦寒準備啊？

鳥奴小叮嚀 鳥寶覺得腳冷（請參閱P97）或是展開翅膀（請參閱P108），就是體溫調節不順的徵兆。因為可能導致身體不適，請配合季節調整室內溫度。另外，濕度也很重要，請保持在五〇～六〇％。

野生鸚鵡是獨自生活嗎？

#冷知識　#群居

野生鸚鵡是五十隻以上的群居生活

第1章曾經提到（請參閱P18），野生的鸚鵡過著群居生活，為了抵抗天敵的攻擊，會成群結伴聚在一起。群居生活的動物除了鸚鵡，還有狗的近親狼，牠們一群約有十隻，獅子則約二十隻。那麼鸚鵡是幾隻呢？嗯～大概五十至一百隻，有時甚至是數千或數萬隻。小型鸚鵡如果有這個數量，看起來也很驚人喔。

鳥奴小叮嚀　雖說野生的鸚鵡過著群居生活，但沒必要特地再養新的鸚鵡。畢竟家中的鸚鵡和新來的鸚鵡未必處得來（請參閱P61），如果彼此成為伴侶，主人就會被晾在一旁。

有壽命一百歲的鸚鵡嗎?!

#冷知識 #壽命

有活到超過一百歲的長壽鸚鵡喔

聽說南美有些金剛鸚鵡啾友能活到超過一百歲。儘管有個體差異，但他們的長壽可是出了名。也許一般人會覺得當作寵物養的鸚鵡很短命，不過，除了金剛鸚鵡，灰鸚鵡等被當成寵物鳥的大型鸚鵡，活到超過五十年也是常有的事。小型鸚鵡如虎皮鸚鵡或牡丹鸚鵡、桃面愛情鸚鵡的壽命也有十年左右。

鳥奴小叮嚀 鸚鵡的壽命之長超乎你的預想，所以無論是哪個品種的鸚鵡，養了就要照顧到最後。除了飼育環境，鸚鵡的壽命也要列入考量，請仔細評估再決定是否要飼養。

能從外表看出性別嗎？

#冷知識　#性別

鸚鵡的性別不易從外表分辨

由於身體構造的關係，人類很難從外表立刻知道鸚鵡的性別。鸚鵡的性器官藏在羽毛內，不易察覺。啊，請別對我們毛手毛腳喔！不少飼主是等到鸚鵡長大後才知道他們的性別。不過，鸚鵡彼此之間都知道，這點請放心。有些鸚鵡的羽毛會依性別而異（請參閱P174）。

鳥奴小叮嚀

鸚鵡受歡迎的條件是「鮮豔的顏色」，不過人類即使仔細端詳也看不出當中的差異。然而鸚鵡並非只看外表的動物，牠們也很在乎對方是否會溫柔對待自己。那才是擄獲鳥寶心的重點。

外表完全不同的鸚鵡情侶?!

#冷知識　#外表的差異

就是折衷鸚鵡啦！

從外表就能看出性別的折衷鸚鵡可說是鸚鵡界的特例，公鸚鵡是翠綠色，母鸚鵡是深紅色×藍紫色。雖然他們在鸚鵡界是少見的存在，但其他鳥類也有相同情況。公孔雀或公雉雞的顏色都比較鮮豔，還有帥氣的飾羽，據說那是用來吸引雌性的注意。這麼看來，無論公母都色彩繽紛的鸚鵡倒是兩性平等。比起外表，求愛的積極度才是關鍵。

鳥奴小叮嚀 從蠟膜（鼻孔）的狀態或顏色可以分辨性別。一般來說，公的虎皮鸚鵡蠟膜色澤佳，母鸚鵡則是乾燥呈淺褐色。不過這種說法僅供參考，有時羽毛的顏色或身體狀態也會讓蠟膜的顏色產生變化。

灰鸚鵡是資優生？

＃冷知識　＃智力高

智力程度相當於人類的三歲兒童！

「鳥腦袋」才不笨！鳥類是很聰明的生物，我們會使用道具，也記憶事情。

當中又以大型鸚鵡最為優秀，讓人類知道鸚鵡智力高的人物，就是鸚鵡界的大前輩灰鸚鵡艾利斯和他的老師派波柏格（Irene Maxine Pepperberg）博士。艾利斯會用人類的語言進行簡單的對話、計數，真的超優秀，據說他的智力相當於三歲的小孩。

鳥奴小叮嚀 也許是因為智力高，鸚鵡的心理狀態也很發達，感情相當豐富。所以請不要說「鸚鵡才不懂哩」這種話，以對等的關係用愛對待，牠們就會很開心。

熬夜很不好喔～

#冷知識　#晝行性

早睡早起才是生活的基本模式！

有些主人是夜晚活動、早上睡覺的「夜行性動物」，這是和人類一起生活的鸚鵡常有的煩惱。鸚鵡總是日出而作、日落而息，也就是「晝行性」動物，很難配合主人的夜間生活（不過，少部分的啾友似乎可以……）。如果持續在夜間活動，對鸚鵡的身心會造成負擔。在變成更嚴重的疾病之前，希望主人注意到這個問題。

鳥奴小叮嚀　配合夜間生活的人類，對鳥寶是一種負擔。勉強配合可能會生病，或是變得討厭主人。如果可以，請和你的鳥寶一起過晝型生活。

Column

啾友專訪！生活作息規律的鸚鵡

儘管和作息不規律的人類住在一起，還是可以維持規律的生活。以下是讓啾友們和主人都能度過舒適生活的訣竅。

黑帽錐尾鸚鵡的一天

早 開燈

在天亮的時間開燈，表示這時候該起床了。主人起床後拉開窗簾，家裡變得更亮了。

午 聽有趣的聲音

到了固定時間，聽到電視傳來的聲音，看著螢幕裡的人覺得很開心♪

晚 關燈

主人回到家，陪我玩了一會兒，然後家裡變得很暗，就這樣結束了一天，晚～安。

雖然我的主人不是「夜貓子」，但他早上常賴床，晚上也晚睡。不過為了讓我早睡早起，他為我做了不少準備。而且主人不在家的時候，我還可以看電視，所以一點都不無聊。各位主人，請跟我的主人學一學吧。

欸欸欸！不准過來喔！

#冷知識　#叛逆期

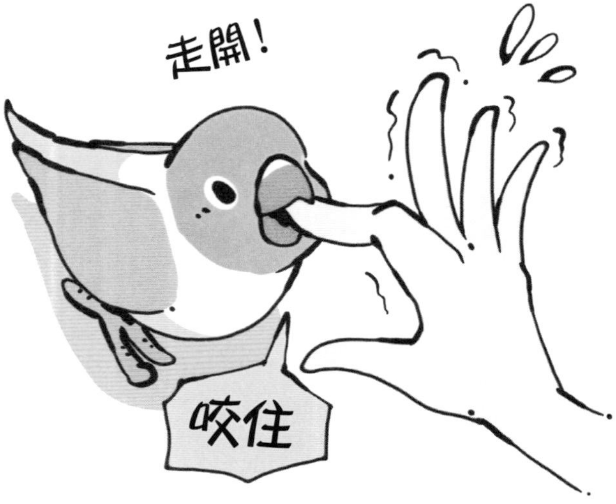

應該是進入叛逆期了

那位啾友叛逆的態度，讓灰鸚鵡老師想起年輕時的自己。看來他也開始進入叛逆期。鸚鵡一生會有兩次叛逆期，第一次是自我意識萌芽的幼鳥時期的「反抗期」，第二次是成鳥時期身心容易失衡的性成熟期的「青春期」，在這兩次的叛逆期都會變得易怒。其實隨著時間過去，自然會像老師我一樣，心平氣和地回想「原來我也這樣過」。順帶一提，人類在成長過程中也會經歷兩次叛逆期喔。

鳥奴小叮嚀　「我家的鳥寶突然變得會咬我」，有些人或許會感到難過，不過這正是鸚鵡成長發育過程中會有的情況。鳥寶的叛逆期是成長的證明，請保持耐心守護牠們。

Column

鸚鵡的成長過程

鸚鵡的身心會隨著成長逐漸成熟。好好了解成長過程中的發育轉變，自然能夠接受心情的變化。

新生雛鳥

剛孵化不久，住在巢箱被父母照顧。這時期的鸚鵡還沒有自我感情與判斷力。

＊小型、中型→孵化後的20天前

＊大型→孵化後的25天前

餵餌雛鳥

離開巢箱，開始學習自己進食，萌生自我感情與判斷力。

＊小型→20～35天

＊中型→20～50天

＊大型→25天～3個月

幼鳥

學會自己進食，長出成鳥的羽毛（雛鳥換羽）。開始有自我意識或個性。

＊小型→35天～5個月　＊中型→50天～6個月　＊大型→3～8個月

小鳥

雛鳥換羽～性成熟期。展開自立生活，學習社交。

＊小型→5～8個月

＊中型→6～10個月

＊大型→8個月～1歲半

第一次叛逆期

成鳥、性成熟前期

性成熟期～繁殖適應期，這是身心容易失衡的時期。

＊小型→8～10個月

＊中型→10個月～1歲半

＊大型→1歲半～4歲

第二次叛逆期

完成鳥、性成熟完成期

繁殖適應期。對伴侶的愛變得非常強烈，甚至會引發問題。

＊小型→10個月～4歲

＊中型→1歲半～6歲

＊大型→4歲～10歲

安定鳥

繁殖適應期結束，進入成熟期。精神方面變得安定，但有時會感到無趣。

＊小型→4～8歲　＊中型→6～10歲　＊大型→10～15歲

高齡鳥

過了成熟期，身心狀態穩定，對新事物不感興趣，每天都很平順就是幸福！

＊小型→8歲之後　＊中型→10歲之後　＊大型→15歲之後

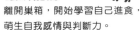

高血壓很可怕嗎？

#冷知識　#血壓

鸚鵡的血壓比人類高！

這位啾友大概是聽說做完健檢的主人被告知「血壓過高」，所以感到也不安。但別擔心，你的血壓沒問題！因為人類和鸚鵡的血壓基準不同。以人類的基準來看，鳥類確實是高血壓。而且，飛行的時候，血壓還會再升高，但我們鳥類的身體構造可以承受。你就別瞎操心了，鸚鵡的身體沒那麼柔弱啦！

鳥奴小叮嚀　雖然鸚鵡的血壓高，還是有上限的，假如血壓升得太高，真的會變成高血壓。據說近年也發現鸚鵡和人類一樣會罹患文明病。

總覺得……心情好悶……

#冷知識　#心理疾病

或許是受到主人的心情影響

怎麼啦？有什麼難過的事嗎？你自己也想不到啊，那或許是因為主人心情不好吧。鸚鵡對伴侶的心情或行動會產生共感，除了幸福或喜悅，悲傷或恐懼的感受也是如此。因此，當主人心理受創時，鸚鵡也會受到影響。有些鸚鵡甚至內心受傷嚴重，還留下了心理創傷。

鳥奴小叮嚀　當你發現家中鳥寶似乎沒什麼精神，請先想想自己最近有沒有感到心情低落？既然一起生活，應該共享快樂，共同度過幸福的時光。

不～想離開家

#冷知識　#足不出籠

不可以當「籠中鳥」！盡快解決足不出籠的問題！

唉呀，這位啾友似乎變成「繭居族」了。和人類一起生活的鸚鵡經常有這種問題，與人類同住，行動範圍或溝通對象會慣於受到限制。那麼，怎麼解決足不出籠的情況呢？在主人的協助下，做做日光浴，和其他人互動接受新刺激。如果總是維持現狀，就不會有任何改變喔！

鳥奴小叮嚀　鸚鵡的足不出籠是因為行動範圍或溝通受到限制，地盤變小所致，其實人類也會這樣。解決方法很簡單，請利用「日光浴」或「和其他人見面」讓鳥寶接受刺激吧！

Column

啾友們！逗陣變健康！鸚鵡的日光浴

你生活在陰暗的環境嗎？
維持身體健康的祕訣就是每天做日光浴。

日光浴的好處

藉由紫外線的照射，製造維生素D3，促進鈣質吸收

釋出血清素或雌激素，調整荷爾蒙的平衡

活化代謝　抑制發情　調整自律神經的平衡

做日光浴的訣竅

每天1次，30分鐘以上！

基準是每天1次，1次30分鐘以上。日光浴的時間太短，可能無法獲得上述的好處。因為窗戶會阻斷紫外線，請靜靜待在鳥籠，直接到室外做日光浴吧。

避免陽光直射

就算身體很健康，夏天的時候直接曬太陽，可能會中暑。如果覺得熱，請移動至陰涼處。

如果有其他動物在場，務必告訴主人

做日光浴的時候，因為主人會打開家裡的窗戶，可能會遇到外面的動物。察覺到有危險時，請記得告訴主人。

請主人們留意兩件事：「從旁守護，以免鸚鵡被其他動物攻擊」、「別忘了把鳥籠上鎖」。為避免造成憾事，請好好守在鸚鵡身旁。

鸚鵡記得上廁所的地方喔！

#冷知識　#管教

透過學習，我們都會記住喔～

沒錯！前文（請參閱P175）也曾提到，鸚鵡的智力高已是舉世皆知。不過有些主人卻以為我們「記不住上廁所的地方」，真令人意外！記憶事情是鸚鵡的專長，只要主人好好教，我們就會記住。雖然記住的時間有所差異，對我們來說這一點都不難。不過，鸚鵡本來就沒有「上廁所要在固定的地方」這種概念。

鳥奴小叮嚀　不要「強迫」鳥寶記住上廁所的地方，有些主人會有這種想法，但住在一起就該互相體諒。為了彼此都能度過舒適的生活，有時適當的「管教」也很重要。

能夠和其他動物處得來？

#冷知識　#與其他動物相處融洽

一不小心可能會身陷險境……

其他動物是指狗或貓吧，有些啾友似乎能與他們相處融洽。前文（請參閱P18）也曾提到，鸚鵡和任何對象皆可建立對等關係，和樂共處。不過，啾友們請記住這件事！對狗或貓來說，鸚鵡原本是獵物。所以，他們很有可能突然發動攻擊。千萬不要有「大家都是好朋友沒問題啦」的輕忽心態。

鳥奴小叮嚀　看到別人家的鳥寶和狗或貓感情好的影片或照片覺得羨慕，但是發生悲劇的例子也不少。讓鳥寶和其他動物一起生活時，請務必多加留意。

以○或×回答問題

鸚鵡學測驗 −後編−

一起來複習第4章～第6章。

目標是拿到滿分！

第 1 題 鸚鵡的祖先是**恐龍**。 [ ] →答案・解說 P.166

第 2 題 睡前**磨一磨嘴（鳥喙）**，為明天做準備。 [ ] →答案・解說 P.106

第 3 題 鸚鵡的視野是**360度**。 [ ] →答案・解說 P.138

第 4 題 鸚鵡的排泄物分為**糞便**與**尿液**。 [ ] →答案・解說 P.121

第 5 題 鸚鵡**搖頭（甩頭）**是因為頭痛。 [ ] →答案・解說 P.94

第 6 題 鸚鵡是在白天活動的**晝行性**動物。 [ ] →答案・解說 P.176

第 7 題 有些鸚鵡喜歡在**地上走**。 [ ] →答案・解說 P.149

第 8 題 獨自**外出玩耍**也沒關係。 [ ] →答案・解說 P.112

第 9 題　有些鸚鵡會**足不出籠**。　[　　　]　→答案・解說 P.182

第10題　鸚鵡不能**聞到精油**。　[　　　]　→答案・解說 P.144

第11題　鸚鵡**只有**一個胃。　[　　　]　→答案・解說 P.156

第12題　進入**叛逆期**會變得易怒。　[　　　]　→答案・解說 P.178

第13題　鸚鵡**挖地板**是在找寶藏。　[　　　]　→答案・解說 P.129

第14題　鸚鵡沒有**耳朵**。　[　　　]　→答案・解說 P.145

第15題　覺得熱的時候會**展開翅膀**散熱。　[　　　]　→答案・解說 P.108

答對11～15題（表現得非常好）

太棒了！簡直是鸚鵡中的鸚鵡，你也可以成為鸚鵡老師喔！

答對6～10題（不錯唷）

好可惜，再重讀本書一遍，你一定會拿到滿分！

答對0～5題（好好加油吧）

我上課的時候，你都在睡吧?!這樣的成績也太糟糕……

INDEX

#心情

#叫聲

#對人類

#對鸚鵡

#動作

#行動

 # 身體

冷知識

一起來　好 021

當然問鸚鵡才清楚！

最誠實的鸚鵡行為百科【超萌圖解】：
日本寵物鳥專家全面解析從習性、溝通到身體祕密的130篇啾啾真心話

監　修　磯崎哲也
譯　者　連雪雅
編　輯　林子揚
編輯協力　許訓彰

總編輯　陳旭華
電　郵　steve@bookrep.com.tw
社　長　郭重興
發行人兼出版總監　曾大福
出版單位　一起來出版／遠足文化事業股份有限公司
發　行　遠足文化事業股份有限公司
www.bookrep.com.tw
23141新北市新店區民權路108-2號9樓
電話｜02-22181417　傳真｜02-86671851

封面設計　許立人
排　版　宸遠彩藝
印　刷　中原造像股份有限公司
法律顧問　華洋法律事務所　蘇文生律師
初版一刷　2019年5月

定　價　380元

國家圖書館出版品預行編目(CIP)資料

當然問鸚鵡才清楚！最誠實的鸚鵡行為百科【超萌圖解】: 日本寵物鳥專家全面解析從習性、溝通到身體祕密的130篇啾啾真心話/ 磯崎哲也監修；連雪雅譯. -- 初版. -- 新北市：一起來出版：遠足文化發行, 2019.05
192面；14.8×21公分. -- (一起來好；21)
譯自：インコがおしえるインコの本音:飼い主さんに伝えたい130のこと
ISBN 978-986-97567-0-9(平裝)

1.鸚鵡　2.寵物飼養

437.794　　108004173